数 据 结 构

主 编　李英明

副主编　王　强　冯　超

　　　　田　杰　祝种谷

南京大学出版社

图书在版编目(CIP)数据

数据结构 / 李英明主编. — 南京：南京大学出版社，2016.7

ISBN 978 - 7 - 305 - 17330 - 1

Ⅰ. ①数… Ⅱ. ①李… Ⅲ. ①数据结构 Ⅳ. ①TP311.12

中国版本图书馆 CIP 数据核字(2016)第 171228 号

出版发行	南京大学出版社
社　　址	南京市汉口路 22 号　　　邮　编　210093
出 版 人	金鑫荣

书　　名	**数据结构**
主　　编	李英明
责任编辑	尤　佳　　　　　编辑热线　025 - 83592123
照　　排	南京南琳图文制作有限公司
印　　刷	南京新洲印刷有限公司
开　　本	787×1092　1/16　印张 13.5　字数 329 千
版　　次	2016 年 7 月第 1 版　　2016 年 7 月第 1 次印刷
ISBN	978 - 7 - 305 - 17330 - 1
定　　价	32.00 元

网址：http://www.njupco.com

官方微博：http://weibo.com/njupco

官方微信号：njupress

销售咨询热线：(025) 83594756

前　言

　　数据结构是计算机专业一门重要的专业必修课。用计算机来解决实际问题时，就要涉及数据的表示及数据的处理，而数据表示及数据处理正是数据结构课程的主要研究对象，通过这两方面内容的学习，为后续课程，特别是软件方面的课程打下坚实的基础，同时也提供必要的技能训练。目前数据结构也是全国计算机等级考试的必考内容和多数高校计算机专业专升本入学考试的必考科目。因此，数据结构在计算机及其相关专业中具有举足轻重的地位。

　　数据结构主要研究数据在计算机中的存储和操作，课程内容丰富、学习量大，其算法又十分抽象。经过我们多年的教学实践，结合了高职高专教学的特色，总结出一些该课程的特点和教学方法。为此，我们编写了这本教材，以满足广大同学的要求和计算机教学的需要。

　　全书采用C语言作为数据结构和算法的描述语言，概念表达准确，逻辑推理严谨，语言精练，通俗易懂，便于教学和自学。全书共分9章，第1章是绪论，第2章介绍了线性表，第3章介绍了数组和广义表，第4章介绍了栈和队列，第5章介绍了串，第6章介绍了树，第7章介绍了图，第8章介绍了查找，第9章介绍了排序。针对近几年的考试大纲和方向，每章后都精心设计了习题，习题难易适当，题型丰富。

　　本书可作为普通高等院校、高等专科学校及高等职业技术院校的教材，也可以作为大学非计算机专业的选修课教材和计算机应用技术人员的自学参考书。

　　本书由李英明、王强、冯超、田杰、祝种谷等组织编写，由李英明负责全书的统稿。在本书编写过程中，编者参考了大量有关数据结构的书籍和资料，在此对这些参考文献的作者表示感谢。由于编者水平有限，书中难免存在错误和不当之处，恳请广大读者批评指正，以便再版时改进。

编　者

2016 年 6 月

目　　录

课件 PPT

第1章

绪 论

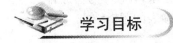
学习目标

认识数据结构的基本内容。

学习要求

➢ 了解:数据结构的研究内容。
➢ 掌握:数据结构的基本概念和术语。
➢ 了解:数据元素间的结构关系。
➢ 掌握:算法及算法的描述。

1.1 数据结构的发展

1.1.1 数据结构的发展简史

众所周知,早期的计算机主要应用于科学计算,随着计算机的发展和应用范围的拓宽,计算机需要处理的数据量越来越大,数据的类型越来越多,数据结构越来越复杂,计算机的对象从简单的纯数值型数据发展为非数值型和具有一定结构的数据。要求人们对计算机加工处理的对象进行系统的研究,即研究数据的特性、数据之间存在的关系以及如何有效地组织、管理存储数据,从而提高计算机处理数据的效率。数据结构这门学科就是在此背景上逐渐形成和发展起来的。

最早对这一发展做出杰出贡献的是 D. E. Kunth 教授和 C. A. R. Hoare(霍尔)。D. E. Kunth 的《计算机程序设计技巧》和霍尔的《数据结构札记》对数据结构这门学科的发展做出了重要贡献。随着计算机科学的飞速发展,到 20 世纪 80 年代初期,数据结构的基础研究日臻成熟,成为一门完整的学科。

1.1.2 数据结构的研究内容

用计算机解决一个具体的问题时,大致需要经过以下几个步骤:
(1) 分析问题,确定数据模型。

（2）设计相应的算法。

（3）编写程序，运行并调试程序，直至得到正确的结果。

寻求数据模型的实质是分析问题，从中提取操作的对象，并找出这些操作对象之间的关系，然后用数学语言加以描述。有些问题的数据模型可以用具体的代数方程、矩阵等来表示，但更多的实际问题是无法用数学方程来表示的，下面通过几个例子加以说明。

［例 1.1］ 学生成绩表

如图 1-1 所示是一个学生成绩表，表中的每一行称为一条记录，并按学号升序排列，它们之间存在"一对一"的关系，是一种线性结构，它构成了学生成绩表的逻辑结构。

学号	姓名	高数	数据结构
8201001	李红	89	90
8201002	杜刚	95	87
⋮	⋮	⋮	⋮
82010040	刘珊	87	86

图 1-1　学生成绩表

学生成绩表在计算机外存中的存储方式构成该表的存储结构，在该表中查找记录、插入记录、删除记录以及对记录进行排序等操作又构成了数据的运算。

［例 1.2］ 组织示意图

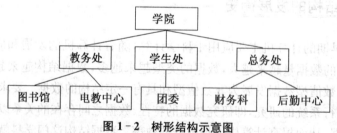

图 1-2　树形结构示意图

如图 1-2 所示是某高校组织示意图，其中高校名称是树根，把下设处室看成它的树枝中间结点，把处室下级单位看成树叶，这就构成了树形结构，树形结构通常用来表示结点的分层组织，结点之间是"一对多"的关系，除根结点之外，每个结点有且只有一个父结点。这种结构也是一种数据结构，其主要操作是遍历、查找、插入或删除等。

［例 1.3］ 七桥问题

Euler 在 1736 年访问俄罗斯的哥尼斯堡时，他发现当地的居民正从事一项非常有趣的消遣活动。哥尼斯堡城中有一条名叫普莱格尔的河流，在河上建有七座桥，如图 1-3 所示。

这项有趣的消遣活动是在星期六做一次走过

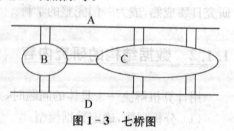

图 1-3　七桥图

所有 7 座桥的散步,每座桥只能经过一次而且起点与终点必须是同一地点。

设 4 块陆地分别为 A、B、C、D,Euler 把每一块陆地看成一个点,连接两块陆地的桥以线表示,如图 1-4 所示。

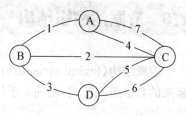

图 1-4　欧拉回路

后来推论出此种走法是不可能的。他的论点是这样的,除了起点以外,每一次当一个人由一座桥进入一块陆地(或点)时,他同时也由另一座桥离开此点。即每个点如果有进去的边就必须有出来的边,因此每一个陆地与其他陆地连接的桥数必为偶数。7 座桥组成的图形中,没有一点含有偶数条数,因此上述的任务是不可能实现的。

和上述问题相似,生活中还有不少的实例,如通信网和公路网都是"多对多"的关系,具有这种关系的结构称为图形结构。其主要的操作有遍历、求最短路径等。

类似的还有工资管理系统、棋类对弈问题等。对于这些非数值问题的描述,都是上述的表、树和图之类的数据结构,并且这些数据结构的元素和元素之间都存在着相互关系。因此,数据结构是一门抽象地研究数据之间的关系的学科。

1.2　数据结构的基本概念和术语

数据(Data):是指在计算机科学中能够被计算机输入、存储、处理和输出的一切信息,是计算机处理的信息的某种特定的符号表示形式。包括数字、英文、汉字以及表示图形、声音、光和电的符号等。

数据项(Data Item):是数据的最小单位,有时也称为域(field),即数据表中的字段,如图 1-1 所示。数据项是具有独立含义且不可分割的最小标识单位。

数据元素(Data Element):是数据的基本单位,在计算机信息处理中通常作为一个整体来考虑。一个数据元素可以由若干个数据项组成,数据元素也称为元素、结点、顶点、记录。如图 1-1 所示。

数据对象(Data Object):具有性质相同的数据元素的集合,是数据的一个子集。例如大写字母字符数据对象是集合 $C=\{`A`,`B`,`C`,\cdots,`Z`\}$;整数数据对象是集合 $N=\{0, \pm 1, \pm 2, \cdots\}$。

数据类型(Data Type):是一个值的集合和定义在这个值集合上的一组操作的总称。数据类型中定义了两个集合:值集合和操作集合。其中值集合定义了该类型数据元素的取值,操作集合定义了该类型数据允许参加的运算。例如 C 语言中的 int 类型,取值范围是 $[-32\,768, 32\,767]$,主要的运算为加、减、乘、除、取模、乘方等。

按数据元素取值的不同特性,高级语言中的数据类型一般都包括两部分:原子类型和结构类型。原子类型的值是不可分的,例如,C 语言中的 int 类型、char 类型、float 类型;结构类型是通过若干成分(可以是原子类型或结构类型)构造而成的。高级语言一般都提供用户自定义结构类型的机制。

数据结构(Data Structure):带结构的数据元素的集合,描述了一组数据元素及元素间的相互关系。数据元素间的关系包括 3 个方面:数据的逻辑结构、存储结构和操作集合。

1.3 数据的逻辑结构

逻辑结构(logical structure):是指数据元素之间的逻辑关系,是用户根据使用需要建立起来的数据组织形式,是独立于计算机的。根据数据元素之间的不同关系,有以下四种基本逻辑结构。

(1) 线性结构:其中的数据元素之间是"一对一"的关系。在线性结构中,有且仅有一个开始结点和一个终端结点,除了开始结点和终端结点,其余结点都有且仅有一个直接前驱和一个直接后继,如图1-5(a)所示。

(2) 树形结构或层次结构:其中的数据元素之间存在着"一对多"的关系。比如,部门之间的隶属关系、人类社会的父子关系、上下级关系等。在树形结构中,除根结点之外,每个结点都有唯一的直接前驱,所有的结点都可以有0个或多个直接后继,如图1-5(b)所示。

(3) 图形结构或网状结构:其中的数据元素之间存在着"多对多"的关系。在图状结构中,每个结点都可以有多个直接前驱和多个直接后继,如图1-5(c)所示。

(4) 集合结构:数据元素间除了"同属于一个集合"的关系外,无任何其他关系。由于集合关系非常松散,因此可以用其他的结构代替,如图1-5(d)所示。

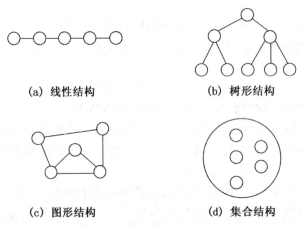

(a) 线性结构　　　　(b) 树形结构

(c) 图形结构　　　　(d) 集合结构

图 1-5　数据结构的示意图

数据的逻辑结构可概括为两大类:线性结构和非线性结构。线性结构包括线性表、栈、队列、字符串、数组、广义表;非线性结构包括树、二叉树和图。

一个数据结构的逻辑结构 G 可以用二元组来表示:

$$G=(D,R)$$

其中:D 是数据元素的集合,R 是 D 上所有数据元素之间关系的集合(表示各元素的前驱、后继关系)。R 关系中圆括号表示双向,尖括号表示单向。

[例 1-4] 一种数据结构 Graph$=(D,R)$

其中:

$$\begin{cases} D=\{A,B,C,D,E\} \\ R=\{r\} \\ r=\{(A,B),(A,C),(B,C),(B,D),(B,E),(C,E)\} \end{cases}$$

r 中的 (A,B) 表示顶点 A 到顶点 B 之间的边是双向的,上述的结构关系如图 1-6 所示。

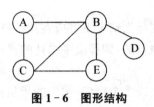

图 1-6　图形结构

1.4　数据的存储结构

数据的存储结构(Storage Structure)又称物理结构,是数据的逻辑结构在计算机存储器中的存储形式(或称映象)。对机器语言来说,这种存储形式是具体的,高级语言可以借助它的数据类型来描述存储形式的具体细节。依据数据元素在计算机中的表示,主要有以下4 种不同的存储结构。

(1) 顺序存储结构:是借助元素在存储器中的相对位置来表示数据元素之间的逻辑关系,可用一维数组描述。

(2) 链式存储结构:是借助指示元素存储地址的指针来表示数据元素之间的逻辑关系。可用指针类型描述,数据元素不一定存在地址的存储单元,存储处理的灵活性较大。

(3) 索引存储:是在原有存储数据结构的基础上,附加建立一个索引表,索引表中的每一项都由关键字和地址组成。采取索引存储结构的主要作用是提高数据的检索速度。

(4) 散列存储:是通过构造散列函数来确定数据存储地址或查找地址。

1.5　算法和算法的描述

算法和数据结构的关系紧密,任何一个算法的设计都取决于选定的数据的逻辑结构,而算法的实现则依赖于数据所采用的数据结构。

1.5.1　什么是算法

1. 算法的概念

算法是为了解决某类问题而规定的一个有限长的操作序列,是对解题过程的准确而完整的描述。

2. 算法的特性

一个算法一般具有以下特性：

（1）输入：一个算法必须有 0 个或多个输入，这些输入取自于特定的对象集合。可以使用输入语句由外部提供，也可以使用赋值语句在算法内给定。

（2）确定性：算法的每一步都应确切地、无歧义地定义。对于需要执行的动作都应严格地、清晰地规定。

（3）有穷性：一个算法无论在什么情况下都应在执行有穷步后结束。

（4）可行性：一个算法是可执行的，即算法中描述的操作都是可以通过已经实现的基本运算执行有限次来实现的。

（5）输出：一个算法应有一个或多个输出，输出的量是算法计算的结果。

3. 算法与程序的区别

算法与程序的区别主要表现在以下几个方面。

（1）算法代表了对问题的求解过程，而程序则是算法在计算机上的实现。算法用特定的程序设计语言来描述，就成了程序。

（2）程序中的指令必须是机器可执行的，而算法中的指令则无此限制。

（3）一个算法必须在有穷步之后结束，一个程序不一定满足有穷性。

1.5.2 算法设计的要求

通常设计一个好的算法应考虑达到如下目标：

（1）正确性：在合理的数据输入下，能在有限的运行时间内得到正确的结果。

（2）可读性：程序可读性好，有助于对算法的理解。

（3）健壮性：当输入非法的数据时，算法应能恰当地做出反应或进行相应处理，而不是产生莫名其妙的输出结果。并且，处理出错的方法不应是中断程序的执行，而是返回一个表示错误或错误性质的值，以便在更高的抽象层次上进行处理。

（4）高效性：对同一个问题，执行时间越短，算法的效率越高。

（5）低存储量：完成相同的功能，执行算法所占用的存储空间应尽可能地少。

1.5.3 算法的描述

算法可以用流程图、自然语言、计算机程序语言或其他语言来描述，但描述必须精确地说明计算过程。为了便于理解和掌握算法的思想和实质，本书采用类 C 语言进行算法描述。类 C 语言实际上是对 C 语言的一种简化，保留了 C 语言的精华，忽略了 C 语言语法规则中的一些细节，这样描述出的算法清晰、直观、便于阅读和分析。在本书中算法是以函数形式描述，描述如下：

```
类型标识符    函数名(形式参数表)
/＊ 算法说明 ＊/
〈语句序列〉
```

算法说明是不可缺少的部分，是对算法的功能、数据存储结构、形式参数的含义等的说明。

1.5.4　算法效率的评价

对于一个给定的问题求解,往往可以设计出若干个算法。如何评价这些算法的优劣呢? 一个正确的算法效率通常用时间复杂度与空间复杂度来评价。

1. 时间复杂度(Time Complexity)

一个算法的执行时间等于其所有语句执行时间的总和,而任一语句的执行时间为该语句的执行次数与该语句执行一次所需时间的乘积。当算法转换成程序之后,每条语句的执行时间取决于机器的硬件速度、指令类型及编译的代码质量,而这些是很难确定的。因此,将算法中基本操作重复执行的次数作为算法执行时间的量度。

一般情况下,算法中基本操作重复执行的次数是问题规模 n 的某个函数 $f(n)$,算法的时间量度记作:

$$T(n)=O(f(n))$$

它表示随问题规模 n 的增大,算法执行时间的增长率和 $f(n)$ 的增长率相同,称作算法的渐近时间复杂度,简称时间复杂度。时间复杂度不是精确的执行次数,而是估算的数量级,它主要体现的是随着问题规模 n 的增大,算法执行时间的变化趋势。

[例 1-5]　有下列 3 条语句

(a) x＝0

(b) for (i＝1;i＜＝n;i＋＋) x＝x+1

(c) for (i＝1;i＜＝n;i＋＋)

　　for(j＝1;j＜＝n;j＋＋) x＝x+i * j

上述 3 条语句的频度分别为 $1,n,n^2$,(a) 中语句执行了一次,时间复杂度为 $O(1)$;(b) 中语句 $x=x+1$ 执行了 n 次,时间复杂度为 $O(n)$;(c) 中赋值语句要执行 n^2 次,时间复杂度为 $O(n^2)$。不同数量级的时间复杂度增长率是不同的,当问题规模 n 越大时,其关系如下:$O(1)<O(lgn)<O(n)<O(nlgn)<O(n^2)<O(n^3)<O(2^n)$。

2. 空间复杂度(Space Complexity)

一个程序的空间复杂度是指程序运行从开始到结束所需要的存储空间。包括算法本身所占用的存储空间、输入/输出数据占用的存储空间以及算法在运行过程中的工作单元和实现算法所需辅助空间。类似于算法的时间复杂度,算法所需存储空间的量度记作:

$$S(n)=O(f(n))$$

其中 n 为问题的规模。在进行空间复杂度分析时,若输入数据所占空间只取决于问题本身,和算法无关,则只需要分析除输入和程序之外的额外空间,否则应同时考虑本身所需空间。

复习思考题

一、名词解释

1. 数据　2. 数据结构　3. 数据的逻辑结构　4. 数据的存储结构　5. 算法

二、选择题

1. 研究数据结构就是研究( )。
   A. 数据的逻辑结构
   B. 数据的存储结构
   C. 数据的逻辑结构和存储结构
   D. 数据的逻辑结构和存储结构以及其数据在运算上的实现

2. 组成数据的基本单位是( )。
   A. 数据项　　　　B. 数据类型　　　　C. 数据元素　　　　D. 数据变量

3. 数据结构是一门研究计算机中( )对象及其关系的学科。
   A. 数值运算　　　　　　　　　　B. 非数值运算
   C. 集合　　　　　　　　　　　　D. 非集合

4. 在数据结构中,从逻辑上可以把数据结构分成( )。
   A. 动态结构和静态结构　　　　　B. 紧凑结构和非紧凑结构
   C. 线性结构和非线性结构　　　　D. 内部结构和外部结构

5. 数据的存储结构包括顺序、链接、散列和( )4 种基本类型。
   A. 向量　　　　B. 数组　　　　C. 集合　　　　D. 索引

6. 算法分析的两个主要方面是( )。
   A. 正确性和简单性　　　　　　　B. 可读性和文档性
   C. 数据复杂性和程序复杂性　　　D. 时间复杂度和空间复杂度

7. 算法分析的目的是( )。
   A. 找出数据结构的合理性　　　　B. 研究算法中的输入和输出的关系
   C. 分析算法的效率以求改进　　　D. 分析算法的易懂性和文档性

三、填空题

1. 数据逻辑结构包括_____、_____、_____和_____四种类型。

2. 在线性结构中,第一个结点_____前驱结点,其余每个结点有且只有_____个前驱结点;最后一个结点_____后继结点,其余每个结点有且只有_____个后继结点。

3. 在树形结构中,树根结点没有_____结点,其余每个结点有且只有_____个前驱结点;叶子结点没有_____结点,其余每个结点的后继结点可以_____。

4. 数据结构形式的定义为(在 D,R),其中 D 是_____的有限集,R 是 D 上的_____有限集。

5. 线性结构中元素之间存在_____关系,树形结构中元素之间存在_____关系,图形结构中元素之间存在_____关系。

6. 算法的五个重要特性是_____、_____、_____、_____、_____。

7. 设有一批数据元素,为了最快的存储某元素,数据结构宜用_____结构,为了方便插入一个元素,数据结构宜用_____结构。

8. 程序段 $i=1;$ while$(i<=n)$ $i=i*4$ 的时间复杂度为_____。

四、判断题

1. 数据元素是数据的最小单位。　　　　　　　　　　　　　　　　　　　( )

2. 在存储数据时,通常不仅要考虑各数据元素的值,而且还要考虑存储数据元素的关系。 （ ）

3. 在相同的规模 n 下,复杂度 $O(n\log_2^n)$ 的算法在时间上总是优于复杂度为 $O(n^2)$ 的算法。 （ ）

五、简答题

根据二元组关系画出下列逻辑结构的逻辑图形。

(1) $A=(D,R)$,其中:

$D=\{a,b,c,d,e,f,g\}$

$R=\{r\}$

$r=\{<a,b>,<a,c>,<b,e>,<b,f>,<c,d>,<f,g>\}$

(2) $A=(D,R)$,其中:

$D=\{a,b,c,d,e,f,g\}$

$R=\{r\}$

$r=\{(a,b),(a,c),(b,d),(b,e),(c,g),(c,d),(d,g),(e,f),(f,g)\}$

六、算法分析题

1. 求下列算法段的语句频度及时间复杂度。

```
for(i=1; i<=n; i++)
  for(j=1; j<=i; j++)
    x=2*x+1;
```

2. 求下列算法段的时间频度及时间复杂度。

```
for (i=1;i<=n;i++)
  for (j=1;j<=i;j++)
    for (k=1;k<=j;k++)
      x=i+j-k;
```

第 2 章

线性表

学习目标

系统学习线性表的存储结构及其基本操作。

学习要求

➤ 掌握:线性表的逻辑结构。
➤ 掌握:线性表的顺序存储结构及操作。
➤ 掌握:线性表的链式存储结构及操作。

2.1 线性表逻辑结构

2.1.1 线性表的定义

1. 线性表的定义

线性表(Linear List)是具有相同数据类型的数据元素组成的一个有限序列。通常表示为:

$$(a_1, a_2, \cdots a_i, a_{i+1} \cdots a_n)$$

其中 n 为线性表的长度,$n \geqslant 0$;当 $n=0$ 时表示一个空表。线性表相邻元素之间存在着顺序关系。a_1 叫表头元素,a_n 叫表尾元素。除第一个和最后一个元素外,每个元素都只有一个前驱和一个直接后继。a_{i-1} 称为 a_i 的直接前驱结点,a_{i+1} 称为 a_i 的直接后继结点。

表中的元素可以是一个数,也可以是由多个数据项组成的复杂信息,但线性表中的元素必须属于同一数据对象。例如,英文字母$(A, B, \cdots, Y, Z)$和图 1-1 所示的学生成绩表。

2. 线性表的二元组表示

线性表用二元组表示为:linear_list$=(D, R)$

其中数据对象:$D = \{a_i \mid 1 \leqslant i \leqslant n, n \geqslant 1, a_i \in \text{ElemType}\}$

数据关系:$R = \{r\}, r = \{<a_i, a_{i+1}> \mid 1 \leqslant i \leqslant n-1\}$,对应的逻辑结构图如图 2-1 所示。

图 2-1 线性表的逻辑结构图

2.1.2　线性表的基本操作

　　线性表是一种简单灵活的数据结构,根据需要可以对线性表中的元素进行访问、插入和删除等操作,常用操作有以下几种。

　　(1) 创建线性表:InitList(L)

　　初始条件:表不存在。

　　操作结果:构造一个空的线性表 L。

　　(2) 求线性表的长度:LengthList(L)

　　初始条件:线性表 L 已存在。

　　操作结果:返回 L 中数据元素个数。

　　(3) 查找线性表中的元素:GetElem(L , i)

　　初始条件:线性表 L 已存在,$1 \leqslant i \leqslant$ LengthList(L)。

　　操作结果:用来返回 L 中第 i 个元素的值。

　　(4) 查找线性表中元素的位置:LocateElem(L , x)

　　初始条件:线性表 L 已存在。

　　操作结果:返回 L 中查找到第一个值为 x 的数据元素的位序,若查找成功,则返回值为 x 元素在 L 中首次出现的序号或地址,否则,在 L 中未找到值为 x 的数据元素,则返回值为特定值,表示查找失败。

　　(5) 插入操作:ListInsert(&L , i,x)

　　初始条件:线性表 L 已存在,$1 \leqslant i \leqslant$ LengthList(L)+1。

　　操作结果:在 L 的第 i 个元素之前插入新的元素 x,L 的长度增1。

　　(6) 删除操作: DeleteList(&L , i , &e)

　　初始条件:线性表 L 已存在且非空,$1 \leqslant i \leqslant$ LengthList(L)。

　　操作结果:删除 L 的第 i 个元素,并用 e 返回新线性表的值,L 的长度减1。

2.2　线性表的顺序存储结构

2.2.1　顺序存储结构

　　线性表的顺序存储是指用一组地址连续的存储单元依次存放线性表的数据元素,这种存储形式的线性表称为顺序表。它的特点是线性表中相邻的元素在内存中的存储位置也是相邻的。由于线性表中的所有数据元素属于同一类型,所以每个元素在存储中所占的空间大小相同。如图 2-2 所示,如果第一个元素存放的位置为 b,每个元素占用的空间大小为 L,则顺序表中第 i 个数据元素 a_i 的存储位置为:

$$LOC(a_i) = LOC(a_1) + (i-1) * L,$$

　　其中 $LOC(a_1)$ 是线性表的起始地址或基地址。

即 $LOC(a_i)＝b+(i-1)*L$

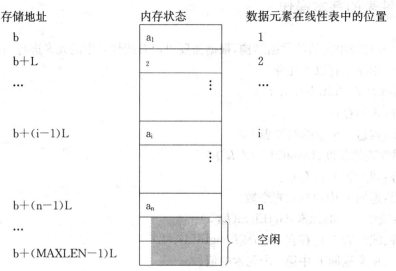

图 2-2　线性表的顺序存储结构示意图

在程序设计中,一维数组在内存中占用的存储空间就是一组连续的存储区域,因此在高级语言中讨论线性表的顺序存储结构,通常是利用一维数组来进行描述。由于对线性表需要进行插入和删除等操作,其长度是可变的。因此线性表的顺序结构可定义为:

```
typedef   struct{
  ElemType   elem[MaxSize];   /*存储线性表中的元素*/
  int len;　/*线性表的当前表长*/
}SqList;
```

2.2.2　基本操作的实现

在线性表的顺序存储结构中,LengthList (L)等操作比较简单,在这里主要介绍以下几种操作(为了讨论方便,下面将不使用数组下标"0"的单元)。

1. 插入

线性表的插入是指在表的第 i 个位置上插入一个值为 x 的元素,线性表的逻辑结构由 $(a_1,\cdots,a_{i-1},a_i,\cdots,a_n)$ 改变为 $(a_1,\cdots,a_{i-1},x,a_i,\cdots,a_n)$,表长变为 $n+1$。算法思想如下:

(1) 检查 i 值是否超出所允许的范围($1\leqslant i\leqslant n+1$),若超出,则进行超出范围错误处理,否则,将线性表的第 i 个元素和它后面的所有元素均向后移动一个位置。

(2) 将新元素写入到空出的第 i 个位置上。

(3) 使线性表的长度增加1。

具体算法:

【算法 2.1】

```
int Insert_Sq (SqList * L, int i, ElemType x) {
  /*在顺序线性表 L 的第 i 个元素之前插入新的元素 x　*/
  int j;
```

```
   if (i < 1 || i > L->len+1) return 0;    /*   不合理的插入位置   */
   if (L->len = =MaxSize-1)  return -1;  /* 表已满 */
  for (j= L->len;j>=i;--j)
    L->elem[j+1]=L->elem[j];
    L->elem[i]=x;
    ++L->len;
    Return 1
}Insert_Sq
```

插入算法的时间性能分析：

顺序表上的插入运算，时间主要消耗在数据的移动上，在第 i 个位置上插入 x，从 a_n 到 a_i 都要向下移动一个位置，共需要移动 $n-i+1$ 个元素，而 i 的取值范围为：$1 \leqslant i \leqslant n+1$，即 $n+1$ 个位置可以插入。设在第 i 个位置上作插入的概率为 p_i，则移动数据元素的平均次数：

$$E_{in} = \sum_{i=1}^{n+1} p_i(n-i+1)$$

如果在表的任何位置插入元素的概率相等，即：$p_i = \dfrac{1}{n+1}$，则：

$$E_{in} = \sum_{i=1}^{n+1} p_i(n-i+1) = \frac{1}{n+1} \sum_{i=1}^{n+1} (n-i+1) = \frac{n}{2}$$

因此在顺序表上做插入操作，平均约移动表中一半的元素，若表长为 n，则上述算法的时间复杂度为 $O(n)$。

2. 删除操作

删除操作是指删除线性表中的第 i 个数据元素，线性表的逻辑结构由 $(a_1, \cdots, a_{i-1}, a_i, a_{i+1}, \cdots, a_n)$ 变成长度为 $n-1$ 的 $(a_1, \cdots, a_{i-1}, a_{i+1}, \cdots, a_n)$。算法思想如下：

（1）检查 i 值是否超出所允许的范围（$1 \leqslant i \leqslant n$），若超出，则进行"超出范围"错误处理；否则，将线性表的第 i 个元素后面的所有元素均向前移动一个位置。

（2）使线性表的长度减 1。

• 具体算法

【算法 2.2】

```
int Delete_Sq(SqList * L,int i)
/ *删除线性表中第 i 个元素 */
   {if ((i <1) || (i > L->len)) return 0;    /*不合理的删除位置*/
    if (L->len= =0) return -1;   /*空表*/
    for (j=i;j<=L->len-1;j ++)  /*被删除元素的后面元素向前移*/
     L->elem[j]=L->elem[j+1];
    --L->len;
    return 1;
}/ * Delete_Sq * /
```

• 删除算法的时间性能分析：

与插入运算相同，其时间主要消耗在数据的移动上，删除第 i 个元素时，其后面的元素 a_{i+1} 到 a_n 都要向前移动一个位置，共需要移动 $n-i$ 个元素，则移动数据元素的平均次数：

$$E_{del} = \sum_{i=1}^{n} p_i(n-i)$$

在等概率的情况下,即:$p_i = \dfrac{1}{n}$,则:

$$E_{del} = \sum_{i=1}^{n} p_i(n-i+1) = \frac{1}{n}\sum_{i=1}^{n}(n-i) = \frac{n-1}{2}$$

因此上述算法的时间复杂度也为 $O(n)$。

3. 按值查找

线性表中的按值查找是指在线性表中查找与给定值 x 相等的数据元素。算法思想如下:

(1) 从第一个元素 a_1 起依次和 x 比较,直至找到一个与 x 相等的数据元素,且返回它在顺序表中存储下标或序号。

(2) 如果没有找到,则返回-1。

- 具体算法

【算法 2.3】

```
int LocateElem(SqList *L, ElemType  x)
    {int i;
    for (i=1;i<L->len;i++)
    if (L->elem[i]==x) return  i;
    return -1
    }
```

上述算法的主要运算是比较,当 $a_1 = x$ 时,需比较 1 次,若 $a_n = x$ 时,需比较 n 次。因此,在查找概率相等的情况下,平均比较次数为:

$$E_{loc} = \frac{1}{n}\sum_{i=1}^{n} i = \frac{n+1}{2}$$

所以上述算法的时间复杂度也为 $O(n)$。

2.3   线性表的链式存储结构

从上节可知,采用顺序存储方式的线性表存储密度高,可以节约存储空间,并可以随机地存取结点,但是在做插入和删除操作时,往往需要移动大量的数据元素,且要预先分配空间,并要按最大空间分配,因此存储空间得不到充分的利用,从而影响了运行效率。因此,本节讨论线性表的另一种存储结构——链式存储结构,它能有效地克服顺序存储方式的不足,同时也能有效地实现线性表的扩充。

2.3.1   单链表

线性表的链式存储结构是用一组地址任意的存储单元存放线性表中的数据元素。为了表示每个数据元素 a_i 与其直接后继数据元素 a_{i+1} 之间的逻辑关系,对数据元素 a_i 来说,除了存储其本身的值之外，还必须有一个指示该元素直接后继存储位置的信息，即指出后继元素的存储位置。这两部分信息组成数据元素 a_i 的存储映像，称为结点(node)。每个结点包括两个域：一个域存储数据元素信息，称为数据域；另一个存储直接后继存储位置的域称为指针域。指针域中存储的信息称作指针或链。N 个结点链结成一个链表，由于此链表的每一个结点中包含一个指针域，故又称线性链表或单链表。单链表中结点的存储结构描述如下：

```
typedef  struct  Lnode
  { ElemType  data;
    Struct  Lnode  * next;
  }Lnode;
```

单链表的存储结构如图 2－3 所示。其中，H 是一个指向 LNode 类型的指针变量，称为头指针。另外图 2－3(a)中单链表的第一个结点之前还附设一个结点，称之为头结点，头结点的数据域可以不存储任何信息，也可存储如线性表的长度等附加信息，单链表的头指针指向头结点，头结点的指针域指向第一个结点的指针，由于最后一个结点没有后继结点，它的指针域为空，用"Λ"表示。若线性表为空表，则头结点的指针域为空，如图 2－3(b)所示。

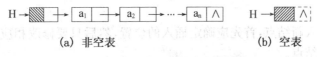

(a) 非空表　　　　　　　　　(b) 空表

图 2－3　线性表的单链表存储结构

在建立链表或向链表中插入结点时，应先按结点的类型向系统申请一个结点，系统给结点分配指针值，即该结点的首地址。可以通过调用 C 语言的动态分配库函数 malloc( )，向系统申请结点。如有说明语句：

LNode ∗ p;

调用函数 malloc( )的形式为：p＝(LNode ∗)malloc(sizeof(LNode))，则 p 指向一个新的结点。结点的数据域用 p－＞data 来表示，指针域用 p－＞next 来表示。使用时要注意区分结点和指向结点指针这两个不同的概念。

2.3.2　基本操作的实现

1. 初始化链表操作

算法思想：初始化单链表，其结构形式如图 2－3(b)所示。在初始状态，链表中没有元素结点，只有一个头结点，因此需要动态产生头结点，并将其后继指针置为空。算法如下：

【算法 2.4】

```
int Init_L()
{
Lnode ∗ H;
if (H=(LNnode ∗)malloc(sizeof(LNode)))   /∗头结点∗/
  {H－＞next=NULL; return 1;}   /∗设置后继指针为空∗/
else return 0;
  }
```

2. 取某序号元素的操作

算法思想:在单链表中查找某结点时,需要设置一个指针变量从头结点开始依次数过去,并设置一个变量 j,记录所指结点的序号。查找到则返回该指针值,否则返回空指针。具体算法如下:

【算法 2.5】

```
Lnode GetElem_L(LNode * H, int i)
{
  p=H->next,j=1;
  while(p&&j<i){
    p=p->next;
    ++j;
    }
  if(! p||j>i) return NULL;
  return p;
}/ * GetElem_L * /
```

3. 插入操作

在单链表中插入新结点,首先应确定插入的位置,然后只要修改相应结点的指针,而无须移动表中的其他结点。

(1) 在第 i 个位置插入一个新结点。

算法思想如下:

1) 从头结点开始向后查找,找到第 $i-1$ 个结点;若存在,继续步骤 2,否则结束。

2) 动态的申请一个新结点 s,赋给 s 结点的数据域值。

3) 将新结点插入。

如在第 3 个位置插入一个新结点,操作示意图所示。具体算法如下:

【算法 2.6】

```
int ListInsert_L1(LNode * H, int i, ElemType x){
  p=H,j=0;
  while(p&&j<i-1){p=p->next;++j;}
  if(! p||j>i-1) return0;
  s=(LNnode * )malloc(sizeof(LNode));
  s->data=x;s->next=p->next;
  p->next=s;
  return 1;
}/ * ListInsert_L * /
```

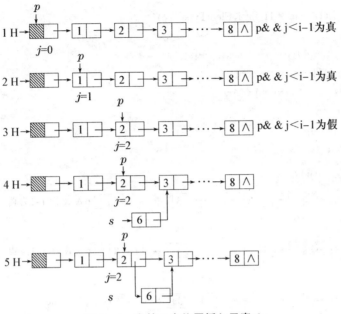

图 2-4　在第 3 个位置插入元素 6

(2) 在链表中值为 x 的结点前插入一个值为 y 的新结点。如果 x 值不存在,则把新结点插入在表尾。

算法思想:设置一个指针 p 从第一个元素结点开始向后查找,再设一个指针 q 指向 p 的前驱结点。当指针指向 x 结点,便在 q 结点后插入;如果值为 x 的结点不在链表中,此时指针正好指向尾结点,即可完成插入。

【算法 2.7】

```
void Insert_L2(LNode * H，ElemType x，ElemType y){
 q=H,p=H->next;
 while(p&&p->data! =x){   / * 寻找值为 x 的结点 * /
   q=p;
   p=p->next; }
 s=(LNnode * )malloc(sizeof(LNode));
 s->data=y;
 s->next=p;q->next=s;/ * 插入 * /
}/ * Insert_L * /
```

4. 删除操作

从链表中删除一个结点,首先应找到被删结点的前驱结点,然后修改该结点的指针域,并释放被删结点的存储空间。从链表中删除一个不需要的结点 p 时,要把结点 p 归还给系统,用库函数 free(p)实现。

(1) 删除单链表中的第 $i(i>0)$ 个元素。

算法思想:设置一个指针 p 从第一个元素结点开始向后移动,当 p 移动到第 $i-1$ 个结点时,另设一个指针 q 指向 p 的后继结点。使 p 的后继指针指向 q 的后继指针,即可完成删除操作。如删除第二个结点元素,操作如图 2-5 所示,具体算法如下:

【算法 2.8】

```
int ListDelete_L(LNode * H,int i,ElemType &e){
    p=H,j=0;
    while(p&&j<i-1){p=p->next;++j;}
    if(! p->next||j>i-1) return  0;
    q=p->next;p->next=q->next;
    e=q->data;free(q);
    return 1;
}/ * ListDelete_L
```

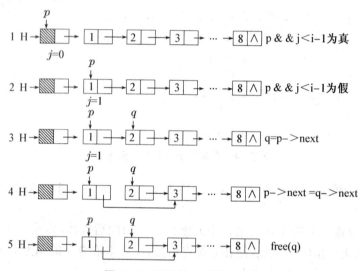

图 2-5　删除第二个结点元素

（2）删除链表中所有值为 x 的结点，并返回值为 x 的结点的个数。

算法思想：操作时设指针 p 从第一个元素结点起逐一查找值为 x 的结点，并设一个辅助指针 q 始终指向它的前驱结点，每找到一个结点便进行删除，同时统计被删除结点的个数。具体算法如下：

【算法 2.9】

```
int Delete_Linkst(LNode * H,ELEMTP X)
{q=H;count=0;
    while (q->next){ / * 遍历整个链表 * /
    p=q->next;
    if (p->data==x){
    q->next=p->next;
    free(p);
    ++count;
    }
    else q=p;
    }
    return count;
```

}/ * delete_Linkst * /

由以上的查找、插入、删除算法可知,这些操作都是从链表的头结点开始,向后查找插入、删除的位置,然后进行插入、删除。所以,如果表长是 n,则上述算法的时间复杂度为 $O(n)$。

2.3.3　循环链表

循环链表是另一种形式的链式存储结构。在线性表中,每个结点的指针都指向其下一个结点,最后一个结点的指针为"空",不指向任何地方,只表示链表的结束。若把这种结构修改一下,使其最后一个结点的指针回指向第一个结点,这样就形成了一个环,这种形式的链表就叫作循环链表。如图 2-6 所示。

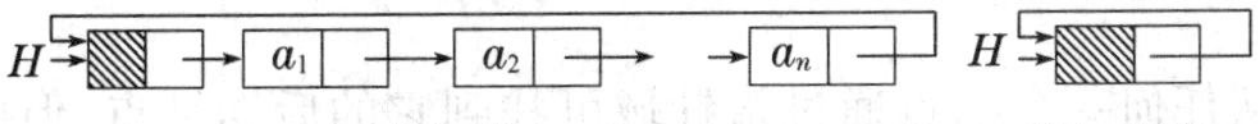

图 2-6　单向循环链表

循环单链表的操作与线性表类似,只是有关表尾、表空的判定条件不同。在采用头指针描述的循环链表中,空表的条件是 head->next=head,指针 p 到达表尾的条件是 p->next=head。因此循环链表的插入、删除、建立、查找等操作只需在线性链表的算法上稍加修改即可。

在循环链表结构中从表中任一结点出发均可找到表中的其他结点。如果从表头指针出发,访问链表的最后一个结点,必须扫描表中所有的结点。若把循表的表头指针改用尾指针代替,则从尾指针出发,不仅可以立即访问最后一个结点,而且也可十分方便地找到第一个结点,如图 2-7 所示。设 rear 为循环链表的尾指针,则开始结点 a_1 的存储位置可用 rear->next->next 表示。

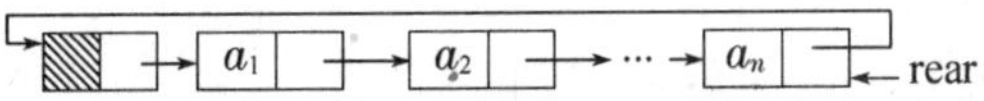

图 2-7　设尾指针的循环链表

在实际应用中,经常采用尾指针描述的循环链表,例如,将两个循环链表首尾相接时合并成一个表,采用设置尾指针的循环链表结构来实现,将十分简单、有效。操作过程如图 2-8 所示,有关的操作语句如下:

```
{p=rb->next;
 rb->next=ra->next;
 ra->next=p->next;
 free(p);
 ra=rb;
}
```

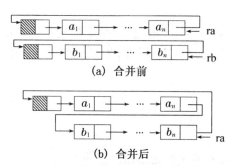

(a) 合并前

(b) 合并后

图 2 - 8　循环链表合并示意图

2.3.4　双向链表

在单链表中,从任何一个结点通过指针域可找到它的后继结点,但要寻找它的前驱结点,则需从表头出发顺链查找。因此,对于那些经常需要既向后查找又向前查找的问题,采用双向链表结构将会更加方便。

在双向链表结构中,每一个结点除了数据域外,还包括两个指针域,一个指针指向该结点的后继结点,另一个指针指向它的前驱结点。结点结构如图 2 - 9(a)所示,双向链表也可以是循环表,其结构如图 2 - 9(b)所示。

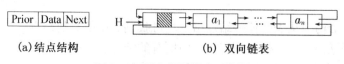

(a)结点结构　　　　　　　　　　(b) 双向链表

图 2 - 9　双向循环链表示意图

双向链表的结点结构可描述如下:

```
typedef   struct dunode
    {ElemType data;
       struct dunode   * prior, * next;
}Dunode;
```

双向链表由于可以从两个方向搜索某个结点,这使得链表的某些操作变得比较简单,本节主要介绍以下几种操作。

1. 插入

在双向链表的指定结点 p 之前插入一个新的结点。如图 2 - 10 所示,算法思想:

(1) 生成一个新结点 s,将值 x 赋给 s 的数据域。

(2) 将 p 的前驱结点指针作为 s 的前驱结点指针。

(3) p 作为新结点的直接后继。

(4) s 作为 p 结点的直接前驱的后继。

(5) s 作为 p 结点新的直接前驱。

具体算法如下:

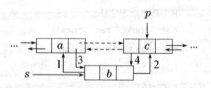

图 2 - 10　在双向链表中插入一个结点

【算法 2.10】

```
void ListInsert_Dul(Dunode * p,ElemType x)
{Dunode * s;
  s=( Dunode * ) malloc (sizeof(Dunode));
  s—>data=x;
  s—>prior=p—>prior;
  s—>next=p;
  p—>prior—>next=s;
  p—>prior=s;
}
```

2. 删除

在双向链表中删除 p 结点,如图 2－11 所示,主要操作步骤如下:

```
{p—>prior—>next=p—>next;
 p—>next—>prior=p—>prior;
 free(p);
}
```

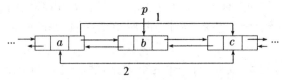

图 2－11　在双向链表中删除一个结点

2.4　线性表的应用——多项式相加问题

多项式的相加操作是线性表处理的典型例子。在数学上,一个多项式可写成下列形式:
$$P(x)=a_0x^0+a_1x^1+\cdots a_nx^n$$
其中 a_i 为 x^i 的非零系数。在多项式相加时,至少有两个或两个以上的多项式同时并存,而且在实现运算的过程中,所产生的中间多项式和结果多项式的项数和次数都是难以预料的。因此计算机实现时,可采用单链表来表示。多项式中的每一项为单链表中的一个结点,每个结点包含三个域:系数域、指数域和指针域,其形式如图 2－12 所示:

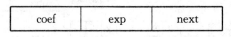

图 2－12　多项式的每一项表示

结点结构描述为:

```
type struct pnode{
    int coef;/ * 系数域 * /
    int exp; / * 指数域 * /
    struct pnode * next  / * 指针域 * /
}
```

　　多项式相加的运算规则为:两个多项式中所有指数相同的项,对应系数相加,若和不为零,则构成"和多项式"中的一项,否则,"和多项式"中就去掉这一指数项,所有指数不同的项均复制到"和多项式"中。如对于多项式 $A(x)=5x^5+8x^4+4x^2-8$,$B(x)=6x^{10}+4x^5-4x^2$。它们的链接结构如图 2-13 所示。

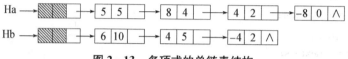

图 2-13　多项式的单链表结构

　　实现时,可采用另建多项式的方法,也可以把一个多项式归并到另一个多项式中去的方法。这里介绍后一种方法。

　　算法思想:首先设两个指针 qa 和 qb 分别从多项式的首项开始扫描。比较 qa 和 qb 所指结点指数域的值,可能出现下列三种情况之一:

　　(1) qa->exp 大于 qb->exp,则 qa 继续向后扫描。

　　(2) qa->exp 等于 qb->exp,则将其系数相加。若相加结果不为零,将结果放入 qa->coef 中,否则同时删除 qa 和 qb 所指结点。然后 qa、qb 继续向后扫描。

　　(3) qa->exp 小于 qb->exp,则将 qb 所指结点插入 qa 所指结点之前,然后 qa、qb 继续向后扫描。

　　扫描过程一直进行到 qa 或 qb 有一个为空为止,然后将有剩余结点的链表接在结果链表上。所得 Ha 指向的链表即为两个多项式之和。操作过程如图 2-14 所示。

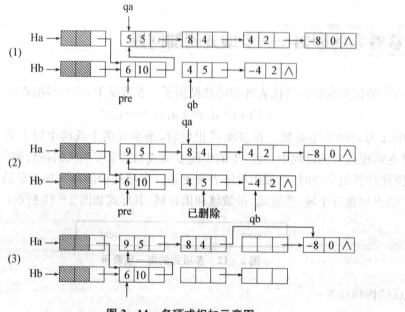

图 2-14　多项式相加示意图

下面是多项式相加算法:

【算法 2.11】

```
void polyadd(pnode * Ha,pnode * Hb)
```

```
          /* 以 Ha 和 Hb 为头指针的单链表分别表示两个多项式,实现 Ha=Ha+Hb */
      {pnode * pre, * qa, * qb, * q;int sum;
        pre=Ha;  /* pre 始终指向 qa 结点的前驱结点 */
        qa=Ha->next;
        qb=Hb->next;
        while(qa&&qb)  { /* 指数相同 */
          if(qa->exp==qb->exp)
          {sum=qa->coef+qb->coef;
           if(sum! =0) {qa->coef=sum;pre=qa;}
           else /* 系数和为零 */
            {pre->next=qa->next; free(qa);}
           qa=pre->next;
           q=qb; qb=qb->next;free(q);
          }
        else{/* 指数不相同 */
          if(qa->exp>qb->exp) {pre=qa;qa=qa->next;}
          else{
          pre->next=qb;pre=qb;
          qb=qb->next;pre->next=qa;
            }
          }
        }
      if(qb=Null) pre->next=qb;/* 链接 pb 中剩余结点 */
      free(Hb);/* 释放 Hb 头结点 */
      }
```

2.5 实训案例与分析

【实例1】 顺序存储的线性表插入与删除操作
【实例要求】
(1) 建立线性表。
(2) 在线性表中插入一个元素。
(3) 从线性表中删除一个元素。
【参考程序】

```
#include<stdio. h>
#define MAXSIZE 100
int list[MAXSIZE];
int n;
/* 在线性表插入元素 */
int sq_insert(int list[], int * p_n, int i, int x)
{int j;
```

```
    if (i<0 || i>*p_n)   return(1);
    if (*p_n==MAXSIZE)   return(2);
    for (j=*p_n+1; j>i; j--)
        list[j]=list[j-1];
    list[i]=x;
    (*p_n)++;
    return(0);
    }
/*删除线性表中的元素*/
int sq_delete(int list[], int *p_n, int i)

    {int j;
    if (i<0 || i>=*p_n)   return(1);
    for (j = i+1; j<=*p_n; j++)
        list[j-1]=list[j];
    (*p_n)--;
    return(0);
    }
/*主程序*/
void main()
    {int i,x,temp;
    printf("please input the number for n\n");
    printf("n=");
    scanf("%d",&n);
    for (i=0; i<=n; i++)
        {printf("list[%d]=",i);
        scanf("%d",&list[i]);}
    printf("The list before insertion is\n");
    for (i=0; i<=n; i++) printf("%d   ",list[i]);
    printf("\n");
    printf("please input the position where you want to insert a valuenposition=");
    scanf("%d",&i);
    printf("please input the value you want to insert. \nx=");
    scanf("%d",&x);
    temp=sq_insert(list,&n,i,x);
    switch(temp)
    {case 0:printf("The insertion is successful! \n");
        printf("The list is after insertion is\n");
        for(i=0; i<=n; i++) printf("%d   ",list[i]);
        printf(\"n");
        printf("%d\n",n);
        break;
    case 1:
```

```
case 2:printf("The insertion is not successful! \n");break;}
/* deleting */
printf("The list before deleting is\n");
for (i=0; i<=n; i++) printf("%d   ",list[i]);
printf(\"n");
printf("please input the position where you want to delete a value\nposition=");
scanf("%d",&i);
temp=sq_delete(list,&n,i);
switch(temp)
{case 0:printf("The deleting is successful! \n");
    printf("The list is after deleting is\n");
    for(i=0; i<=n; i++) printf("%d   ",list[i]);
    printf(\"n");
    printf("%d",n);
    break;
case 1:printf("The deleting is not successful!");break;}
}
```

测试结果略

【实例 2】 一元多项式的求导运算

【实例要求】

已知一个一元多项式,试设计一个程序对该多项式求导。

所设计的程序应实现如下基本功能:

(1) 输入一元多项式,建立与其对应的有序链表。

(2) 对多项式进行求导,建立并输出求导后的多项式。

【实例分析】

导数的运算原则如下:常数的导数为零,x^n 的导数等于 $n * x^{n-1}$。假设 qa 指向多项式的当前操作结点,则结点中各数据项的变化为:

(1) 若 qa 所指结点的指数项为 0,求导以后应从多项式中删除该结点,释放 qa。

(2) 若 qa 所指结点的指数项不为 0,则求导以后,该结点的系数为该结点的原系数与该结点的原指数的乘积,该结点的指数减 1;

在这我们选择带头结点的单链表或单向循环链表存储多项式。头结点的指数值为 -1,系数项存放多项式的项数。数据结构定义为

```
typedef struct pnode
{  float coef;          /* 系数 */
   int exp;             /* 指数 */
   struct pnode * next;
   }pnode, * polynode;
```

【参考程序】

```
b#include   "stdio. h"
typedef struct pnode
{  float coef;          /* 系数 */
```

```
        int exp;                /*指数*/
        struct pnode * next;
        }pnode, * polynode;
    void creatpolyn(polynode p,int m)
    {/*输入 m 项的系数和指数,建立一元多项式的有序单链表 */
        int i;  float coef; int exp;
        polynode  tail, new;
        p->coef=m;  p->exp=-1;  tail=p;
        for(i=1;i<=m;i++) {
            new=(polynode)malloc(sizeof(pnode));
            printf("\n input coef(系数) and exp(指数): ");
            scanf("%f%d",&coef, &exp);
            new->coef=coef;
            new->exp=exp;
            new->next=NULL;
            tail->next=new;
            tail=new;
        }
    }
    void derivative(polynode   p)
    {   /*对一元多项式的有序链表 p 求导 */
     polynode pa,qa;
     pa=p->next;
     qa=p;
     while(pa)
     {  if(pa->exp==0)   /* 从多项式中删除 * pa 结点并释放存储空间 */
        {  qa->next=pa->next;
            free(pa); p->coef--;
            pa=qa->next;
        }
      else          /* 修改 * pa 结点的系数和指数 */
        {  pa->coef * =pa->exp;
            pa->exp-=1;
            qa=pa;pa=pa->next;
        }
     }
    }
    void printpolyn(polynode p)
    {    /*打印输出一元多项式 p */
        int n;      polynode q;
        q=p->next;  n=0;
        while (q)
        { n++;
```

```
    if (n==1)
      { if (q->exp==0) printf("%.2f", q->coef);
          else if (q->exp==1)
            {  if (q->coef==1)   printf("x");
                else if (q->coef==-1)   printf("-x");
      else { printf("%.2f", q->coef); printf("x"); }
              }
          else if (q->coef==1) printf("x^%d", q->exp);
          else if(q->coef==-1)   printf("-x^%d", q->exp);
      else   printf("%.2fx^%d", q->coef, q->exp);
        }/ * if(n==1) * /
      else if (q->exp==0) printf("+%.2f", q->coef);
      else if (q->exp==1)
      { if (q->coef==1)        printf("+x");
        else if (q->coef==-1)   printf("-x");
              else if (q->coef>0)   printf("+%.2fx", q->coef);
      else printf("%.2fx", q->coef);
        }
      else if (q->coef==1)   printf("+x^%d", q->exp);
      else if(q->coef==-1)   printf("-x^%d", q->exp);
      else if (q->coef>0) printf("+%.2fx^%d", q->coef, q->exp);
      else   printf("%.2fx^%d", q->coef, q->exp);
      q =q->next;
    }/ * while * /
}/ * printpolyn * /
main()
{
 polynode p;
 int m;
 printf("\ninput m(多项式的项数):");
 scanf("%d",&m);
 p=(polynode)malloc(sizeof(pnode));
 creatpolyn(p,m);
 printf("\np(x)=");
 printpolyn(p);
 derivative(p);
 printf("\np'(x)=");
printpolyn(p);
getchar();
getchar();
}
```

【测试数据与结果】

input m(多项式的项数):5

input coef(系数) and exp(指数):1 5
input coef(系数) and exp(指数):2 4
input coef(系数) and exp(指数):3 3
input coef(系数) and exp(指数):4 2
input coef(系数) and exp(指数):5 1
p(x)=x^5+2.00x^4+3.00x^3+4.00x^2+5.00x
p'(x)=5.00x^4+8.00x^3+9.00x^2+8.00x+5.00

复习思考题

一、选择题

1. 一个线性表第一个元素的存储地址是100，每个元素的长度为4，则第5个元素的地址是（   ）。

    A. 110   B. 116   C. 100   D. 120

2. 向一个有128个元素的顺序表中插入一个新元素并保持原来顺序不变，平均要移动（   ）个元素。

    A. 64   B. 63   C. 63.5   D. 7

3. 在循环双链表的 p 所指结点之前插入 s 所指结点的操作是（   ）。

    A. p—>prior=s;s—>next=p;p—>prior—>left=s;s—>prior=p—>prior;

    B. p—>prior=s;p—>prior—>next=s;s—>next=p;s—>prior=p—>prior;

    C. s—>next=p;s—>prior=p—>prior;p—>prior=s;p—>prior—>next=s;

    D. s—>next=p;s—>prior=p—>prior;p—>prior—>next=s;p—>prior=s;

4. 从一个具有 n 个结点的单链表中查找其值等于 x 结点时，在查找成功的情况下，需平均比较（   ）个结点。

    A. n B. $n/2$ C. $(n-1)/2$ D. $(n+1)/2$

5. 线性表是具有 n 个（   ）的有限序列（$n \neq 0$）。

    A. 表元素   B. 字符   C. 数据元素   D. 数据项

6. 非空的循环单链表 head 的尾结点（由 P 指向）满足（   ）。

    A. p—>next=NULL   B. p=NULL

    C. p—>next=head   D. p=head

7. 在一个单链表中已知 q 所指的结点是 p 所指结点的前驱结点，若在 q 和 p 之间插入 s 结点，则执行（   ）。

    A. s—>next=p—>next;p—>next=s;

    B. p—>next=s—>next;s—>next=p;

    C. q—>next=s;s—>next=p;

    D. p—>next=s;s—>next=q;

8. 已知一个顺序存储线性表，若第1个结点的地址 d，第3个的地址是 $5d$，则第 n 个结点的地址为（   ）。

A. $[2*(n-1)+1]*d$ 　　　　　　　B. $2*(n-1)*d$

C. $[2*(n-1)-1]*d$ 　　　　　　　D. $(n+1)*d$

9. 在一个具有 n 个结点的有序单链表中插入一个新结点并仍然有序的时间复杂度是（　　）。

A. $O(1)$ 　　　B. $O(n)$ 　　　C. $O(n^2)$ 　　　D. $O(n\log_2 n)$

10. 如果最常用的操作是提取第 i 个结点及其前驱结点，则采用（　　）存储方式最节省时间。

A. 单链表 　　　B. 顺序表 　　　C. 循环链表 　　　D. 双链表

11. 在一个长度为 n 的顺序存储线性表中，向第 i 个元素（$1\leqslant i\leqslant n$）之前插入一个新元素时，需要从后向前依次后移（　　）个元素。

A. $n-i$ 　　　B. $n-i+1$ 　　　C. $n-i-1$ 　　　D. i

12. 在一个长度为 n 的顺序存储线性表中，删除第 i 个元素（$0\leqslant i\leqslant n-1$）时，需要从后向前依次前移（　　）个元素。

A. $n-i$ 　　　B. $n-i+1$ 　　　C. $n-i-1$ 　　　D. i

13. 在一个长度为 n 的单链表中，删除结点的时间复杂度为（　　）。

A. $O(1)$ 　　　B. $O(n^2)$ 　　　C. $O(n)$ 　　　D. $(\log n)$

14. 链表不具有的特点是（　　）。

A. 可随机访问任一元素 　　　　　B. 插入删除不需要移动元素

C. 不必事先估计存储空间 　　　　D. 所需空间与线性表长度成正比

15. 线性表 $L=(a_1,a_2,\cdots a_n)$，下列说法正确的是（　　）。

A. 每个元素都有一个直接前驱和一个直接后继

B. 线性表中至少要有一个元素

C. 表中元素的排列顺序必须是由小到大或者由大到小

D. 除第一个和最后一个元素外，其余每个元素都有一个且仅有一个直接前驱和直接后继

二、填空题

1. 在一个带头结点的单向循环链表中，p 指向尾结点的直接前驱，则指向头结点的指针 head 可用 p 表示为_____。

2. 带头结点的单链表 head 为空的判定条件是_____。

3. 长度为 0 的线性表称为_____。

4. 在双链表中，删除 p 结点语句序列是_____。

5. 在单链表中，删除指针 p 所指结点的后继结点的语句是_____。

6. 已知 p 为单链表中的非首尾结点，在 p 结点后插入 S 结点的语句为：_____。

7. 顺序表中逻辑上相邻的元素物理位置_____相邻，单链表中逻辑上相邻的元素物理位置_____相邻。

8. 线性表 $L=(a_1,a_2,\cdots,a_n)$ 采用顺序存储，假定在不同的 $n+1$ 个位置上插入的概率相同，则插入一个新元素平均需要移动的元素个数是_____。

9. 单链表是_____的链接存储表示。

10. 在双链表中，每个结点有两个指针域，一个指向_____，另一个指向_____。

三、判断题

1. 线性表采用链式存储结构时,其地址必须是连续的。　　　　　　　　　　（　　）
2. 线性表的长度是线性表所占用的存储空间的大小。　　　　　　　　　　（　　）
3. 双循环链表中,任意一结点的后继指针均指向其逻辑后继。　　　　　　（　　）
4. 线性表的链式存储结构优于顺序存储结构。　　　　　　　　　　　　　（　　）
5. 链表的每个结点都恰好包含一个指针域。　　　　　　　　　　　　　　（　　）
6. 在线性表的顺序结构中,插入和删除元素时,移动元素的个数与该元素的位置有关。

　　　　　　　　　　　　　　　　　　　　　　　　　　　　　　　　　（　　）

四、算法设计题部分

1. 设计算法,删除顺序表中值为 x 的所有结点。
2. 试编写一个求已知单链表的数据域的平均值的函数(数据域数据类型为整型)。
3. 有一个单链表(不同结点的数据域值可能相同),其头指针为 head,编写一个函数计算数据域为 x 的结点个数。
4. 已知带有头结点的循环链表中头指针为 head,试写出删除并释放数据域值为 x 的所有结点的函数。
5. 对给定的单链表,编写一个删除单链表中值为 x 的结点的直接前驱结点算法。
6. 试编写算法,删除双向循环链表中第 k 个结点。

五、编程练习

1. 求两个任意长整数的和。
2. 用单链表表示集合,实现两个集合的差。

第 3 章
数组和广义表

 学习目标

数组和广义表是线性结构的一种扩展,通过本章的学习认识数组和广义表这两种数据结构。

 学习要求

➢ 了解:数组的两种存储表示方法与实现。
➢ 掌握:对特殊矩阵进行压缩存储时的下标变换公式。
➢ 掌握:稀疏矩阵的存储方法。
➢ 掌握:广义表的结构特点及其存储表示方法。

3.1 数组

3.1.1 数组概念及其存储结构

1. 数组的概念

数组是几乎所有的高级语言都提供的一种常用的数据结构。数组(Array)是由下标(Index)和值(Value)组成的序对(Indexvalue Pairs)集合。在一般程序设计语言中,数组必须先进行定义(或声明)后,才能使用。数组的定义由以下 3 部分组成:

(1) 数组的名称。

(2) 数组的维数及各维长度。

(3) 数组元素的数据类型。

例如,在 C 语言中,二维数组的定义为:

ElemType arrayname[row][col];

由此可以看出,数组中所有的元素都属于同一数据类型,一旦定义了数组,就确定了它的元素个数和所需的存储空间。因此,数组不存在线性表中的插入和删除操作,除了初始化操作外,对于数组的操作一般只限于两类:取特定位置的元素值及对特定位置的元素进行赋值。

2. 数组的顺序存储

在高级语言中,数组在计算机内是用一组连续的存储单元来表示的,称为数组的顺序存

储结构。在二维数组中,每个元素都受行关系和列关系的约束。例如在一个二维数组 $A[m][n]$ 中,对于第 i 行第 j 列的元素 $A[i][j]$, $A[i][j+1]$ 是该元素在行关系中的直接后继元素;而 $A[i+1][j]$ 是该元素在列关系中的直接后继元素。大部分高级语言如(C,Pascal)采用行序为主的存储方式,如图 3-1(a)所示。有的语言(如 Fortran)则采用以列序为主的存储方式,如图 3-1(b)所示。

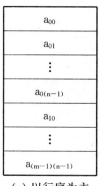

| (a) 以行序为主 | (b) 以列序为主 |

图 3-1　二维数组的存储结构

(1) 按行存储方式。首先看一维数组 $a[n]$,数组的长度为 n ,每个元素所需的存储空间 L 由数组元素的数据类型决定,即 $L=\text{sizeof}(\text{ElemType})$,数组的首地址为 $LOC[A]$ (元素 $A[0]$)的地址),则数组 A 中任何一个元素 $A[i]$ 的地址 $LOC[i]$ 可通过下面的公式进行计算:

$$LOC[i]=LOC[A]+I*L$$

对于二维数组 $a[n][m]$ 来说,先依次存放第一行的元素 $a_{00},a_{01}\cdots,a_{0m-1}$;然后存放第二行元素 $a_{10},a_{11}\cdots,a_{1m-1}$,最后存放第 n 行元素 $a_{n-10},a_{n-11}\cdots,a_{n-1m-1}$,若每行的元素个数为 m ,每个元素所需存储单元为 L ,则二维数组按行存储的地址映像公式为:

$$LOC[i,j]=LOC[0,0]+(m*i+j)*L$$

同理可知三维数组 $A[c_1][c_2][c_3]$ 按行存储方式下地址映像公式为:

$$LOC[i,j,k]=LOC[0,0,0]+(c_2*c_3*i+c_3*j+k)*L$$

分析上面的公式, c_2*c_3 为最末两维所对应的二维数组的元素个数, c_3 则是最末一维所规定的一维数组的元素个数,以上规则可以推广到多维数组的情况。设 n 维数组的各维长度为 $c_1,c_2,\cdots,c_n$,每个元素所需存储单元为 L 个,各维数组元素的下标由 0 开始,则 n 维数组按行存储的地址映像公式为:

$$LOC[J_1,J_2,\cdots J_n]$$
$$=LOC[0,0,0]+((c_2*c_3*\cdots c_n)*J_1+(c_3*c_4*\cdots c_n)*J_2+\cdots+c_n*J_{n-1}+J_n)*L$$
$$=LOC[0,0,0]+\left(\sum_{i=1}^{n-1}ji\prod_{k=i+1}^{n}c_k+j_n\right)*L \qquad\qquad\text{(公式 3-1)}$$

[例 3-1] 有如下数组定义:

int a[8][9];

float b[10][6][4];

若数组 a 的首地址为 500, b 的首地址为 1000,且按行存储。求数组元素 a[5,6],b[3][4][3]的地址。

解:(1) 数组元素 a[5][6] 的地址

将 $j_1=5, j_2=6, c_1=8, c_2=9$ 带入公式 3-1 得:

$$LOC[5,6]=500+(9*5+6)*sizeof(int)=500+51*2=602$$

(2) 数组元素 b[3][4][3] 的地址

将 $j_1=3, j_2=4, j_3=3, c_1=10, c_2=6, c_3=4$ 带入公式 3-1 得:

$$LOC[3,4,3]=1\,000+(3*6*4+4*4+3)*sizeof(float)$$
$$=1\,000+91*4=1364$$

(2) 按列存储方式。所谓按列存储是指首先存储第一列的元素,然后存储第二列的元素……最后存储第 $n-1$ 列的元素。

推广到一般情况,设 n 维数组的各维长度为 $c_1, c_2, \cdots, c_n$,每个元素所需存储单元为 L 个,各维数组元素的下标由 0 开始,则 n 维数组按列存储的地址映像公式为:

$$LOC[j_1, j_2, \cdots j_n]$$
$$=LOC[0, \cdots, 0]+((c_1*c_2*\cdots*c_{n-1})*j_n+(c_1*c_2*\cdots*c_{n-2})*j_{n-1}+\cdots+c_1*j_2+j_1)*L$$
$$=LOC[0,0,0]+\left(\sum_{i=2}^{n} ji \prod_{k=1}^{i-1} c_k + j_1\right)*L \qquad\qquad\text{(公式 3-2)}$$

[例 3-2]　有如下数组定义:

int a[9][9];

float b[10][6][4];

若数组 a 的首地址为 500,b 的首地址为 1000,且按列存储。求数组元素 a[5][6],b[3][4][3] 的地址。

解:(1) 数组元素 a[5][6] 的地址

将 $j_1=5, j_2=6, c_1=9, c_2=9$ 带入公式 3-2 得:

$$LOC[5,6]=500+(9*6+5)*sizeof(int)=500+59*2=618$$

(2) 数组元素 b[3][4][3] 的地址

将 $j_1=3, j_2=4, j_3=3, c_1=10, c_2=6, c_3=4$ 带入公式 3-2 得:

$$LOC[3,4,3]=1\,000+(10*6*3+10*4+3)*sizeof(float)$$
$$=1\,000+223*4=1\,892$$

3.1.2　特殊矩阵的压缩存储

矩阵在科学与工程计算中有着广泛的应用,但在数据结构中研究的不是矩阵本身,而是研究如何在计算机中高效地存储矩阵,实现矩阵的基本运算。在高级语言编程中,通常用二维数组来表示矩阵,从而利用上面的地址计算公式可以快速访问矩阵中的每一个元素。但实际应用中会遇到一些特殊矩阵。

特殊矩阵是指矩阵中值相同的元素或者零元素的分布有一定的规律。通过分析特殊矩阵中非零元素的分布规律,只存储其中的必要的、有效的信息,这样可以对这些矩阵进行压缩存储以节省存储空间。压缩是指对多个值相同的元素只分配一个存储空间。由于特殊矩阵中非零元素的分布有明显的规律,因此可将其压缩存储到一个一维数组中,并找到每个非零元素在一维数组中的对应关系。常见的特殊矩阵有:对称矩阵、三角矩阵和三对角矩阵。

1. 对称矩阵

若一个 n 阶矩阵 A 中的元素满足：$a_{ij}=a_{ji}(1\leqslant i\leqslant n,1\leqslant j\leqslant n)$，则称 A 为 n 阶对称矩阵，即元素分布关于主对角线对称。

对于对称矩阵，可以为每一对对称元素分配同一存储空间。因此，具有 $n*n$ 个元素的对称矩阵采用一维数组可以压缩存储到 $n*(n+1)/2$ 个元素空间中。

[例 3-3]　一个 4*4 对称矩阵 M，存储映象为：

$$M=\begin{pmatrix} 5 & 3 & 2 & 1 \\ 3 & 4 & 7 & 6 \\ 2 & 7 & 0 & 8 \\ 1 & 6 & 8 & 9 \end{pmatrix}$$

按行序存储为：

5	3	4	2	7	0	1	6	8	9
1	2	3	4	5	6	7	8	9	10

用一维数组 $M[1\cdots n(n+1)/2]$ 作为 n 阶对称矩阵 A 的存储结构时，矩阵元素 a_{ij} 与数组元素 $M[k]$ 存在一一对应的关系，则下标间的换算关系如下：

$$k=\begin{cases} \dfrac{i(i-1)}{2}+j & \text{当 } i\geqslant j \text{ 时（下三角部分）} \\ \dfrac{j(j-1)}{2}+i & \text{当 } i<j \text{ 时（上三角部分）} \end{cases}$$

2. 三角矩阵

当一个矩阵的主对角线以上或以下的所有元素皆为 0 时，该矩阵称为三角矩阵；三角矩阵有上三角矩阵和下三角矩阵，如图 3-2 所示是两种特殊形式的矩阵。

$$\begin{pmatrix} a_{11} & & & 0 \\ a_{21} & a_{22} & & \\ \cdots\cdots\cdots\cdots\cdots\cdots \\ a_{n1} & a_{n2} & \cdots & a_{nn} \end{pmatrix} \qquad \begin{pmatrix} a_{11} & a_{12} & \cdots & a_{1n} \\ & a_{22} & \cdots & a_{2n} \\ \cdots\cdots\cdots\cdots\cdots\cdots \\ 0 & & & a_{nn} \end{pmatrix}$$

　　　（a）下三角形矩阵　　　　　　（b）上三角形矩阵

图 3-2　三角矩阵

对于 n 阶上三角形和下三角形矩阵，按以行序为主序的原则将矩阵的所有非零元素压缩存储到一个一维数组 $M[1\cdots n(n+1)/2]$ 中，则 $M[k]$ 和矩阵中非零元素 a_{ij} 之间存在一一对应的关系。

下三角形矩阵：$k=i(i-1)/2+j\quad(i\geqslant j)$
上三角形矩阵：$k=(2n-i+2)(i-1)/2+(j-i+1)\quad(i\leqslant j)$

3. 三对角矩阵

三对角矩阵是指除了主对角线上和直接在对角线上下的对角线上的元素外，其他所有元素皆为零的矩阵，如图 3-3 所示。

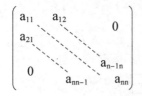

图 3-3　三对角带状矩阵　　　　　　　图 3-4　三对角矩阵压缩存储

对于 n 阶的三角形矩阵,以按行序为主序的原则将矩阵的所有非零元素压缩到一维数组 $M[1\cdots\cdots3n-2]$ 中,则 $M[k]$ 和矩阵中非零元素 a_{ij} 之间存在一一对应关系:$k=2i+j-2$。如图 3-4 所示是三角形矩阵的压缩存储形式。

3.1.3　稀疏矩阵

稀疏矩阵指矩阵中大多数元素为 0 的矩阵。一般情况下,当非零元素的个数占元素总数的比例低于 20% 时,就称该矩阵为稀疏矩阵。例如,在下述 M 矩阵中,30 个元素中只有 6 个非零元素,这显然是一个稀疏矩阵。

$$M=\begin{pmatrix}5&0&8&0&0&0\\0&0&0&0&6&0\\8&0&0&0&0&0\\0&0&4&0&0&0\\0&0&0&0&0&3\end{pmatrix}\qquad M'=\begin{pmatrix}5&0&8&0&0\\0&0&0&0&0\\8&0&0&4&0\\0&0&0&0&0\\0&6&0&0&0\\0&0&0&0&3\end{pmatrix}$$

（a）　　　　　　　　　　　　（b）

图 3-5　稀疏矩阵

对于这样的矩阵,如果采用二维数组存储全部元素的话,显然会浪费大量的存储空间,因此一般采用压缩存储方式。稀疏矩阵进行压缩存储通常有两类方法:顺序存储和链式存储。

1. 稀疏矩阵的三元组表示法

由于稀疏矩阵中非零元素的分布不像特殊矩阵那样有规律性,无法在矩阵的下标与存储位置间建立直接联系,对于矩阵中的每一个非零元素,除了存储非零元素外,还要存储非零元素所在的行号、列号,才能迅速确定一个非零元素在矩阵中的位置。

其中每一个非零元素所在的行号、列号和值组成一个三元组 (i,j,a_{ij}),下列 6 个三元组表示了稀疏矩阵 M 的 6 个非零元素:

$$(1,1,5)(1,3,8)(2,5,6)(3,1,8)(4,3,4)(5,6,3)$$

非零元素在一维数组中的存放有一个次序问题:行优先还是列优先。例如稀疏矩阵 M 以行存储的三元组表示如图 3-6(a)所示,以列存储的三元组表示如图 3-6(b)所示,用 C 语言描述三元组表结构如下:

```
typedef struct
{int i,j;      / * 该非零元素的行、列下标 * /
 ElemType v；  / * 该非零元素的值 * /
}TripleTp；
```

```
typedef  struct{
   TripleTPdata[maxsize];   /* 非零元素三元组表 */
int m,n,t;      /* 矩阵的行数、列数和非零元素个数 */
}SpmatTp
```

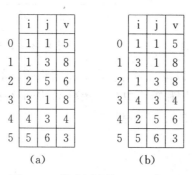

	i	j	v
0	1	1	5
1	1	3	8
2	2	5	6
3	3	1	8
4	4	3	4
5	5	6	3

(a)

	i	j	v
0	1	1	5
1	3	1	8
2	1	3	8
3	4	3	4
4	2	5	6
5	5	6	3

(b)

图 3-6　稀疏矩阵的三元组表示

2. 稀疏矩阵的转置运算

稀疏矩阵的转置运算就是对一个 $m \times n$ 的矩阵 A，它的转置矩阵 B 是一个 $n \times m$ 的矩阵，且 $A[i][j]=B[j][i]$，$0 \leqslant i < m$，$0 \leqslant j < n$，

即 A 的行是 B 的列，A 的列是 B 的行。

［例 3-4］　图 3-5 中的(a)图和(b)图互为转置矩阵。

在三元组的存储形式下，求稀疏矩阵 M 的转置矩阵 N，实际上就是由图 3-5(a)图求得图 3-5(b)。三元组转置的方法有两种。

(1) 按照矩阵 M 的列序进行转置。该算法思想如下：

当第一次扫描把 a. data 中所有 j 等于 1（即列号为 1）所在的三元组（即对应 M 中第一列的非零元素）按序存入 b. data 中，第二次扫描把 a. data 中所有 j 等于 2 所在的三元组 b. data，最后经过对 a. bata 进行 n 次扫描（n 为 M 的列数）才能完成。具体的算法描述如下：

【算法 3.1】
```
void TransMatrix(TriTupleTable * b,TriTupleTable * a)
{/*  a 和 b 是矩阵 A、B 的三元组表表示,求 A 转置为 B */
 int p,q,col;
 b->m=a->n; b->n=a->m; /* A 和 B 的行列总数互换 */
 b->t=a->t; /* 非零元总数 */
 if(a->t! =0){
    q=0;
    for(col=1;col<=a->n;col ++)  /* 对 A 的每一列 */
    for(p=0;p<a->t;p ++) /* 扫描 A 的三元组表 */
    if(a->data[p]. j==col){ /* 找列号为 col 的三元组 */
      b->data[q]. i=a->data[p]. j;
      b->data[q]. j=a->data[p]. i;
      b->data[q]. v=a->data[p]. v;
      q ++;
    }
```

```
  }
}/ * TransMatrix
```

【算法分析】

该算法除少数附加空间,例如 p,q 和 col 之外,所需要的存储量仅为两个三元组表 a,b 所需要的空间。因此,当非零元素个数 $t < m \times n/3$ 时,其所需存储空间比直接用二维数组要小。该算法的时间主要耗费在 col 和 p 的二重循环上,若 A 的列数为 n,非零元素个数 t,则执行时间为 $O(n \times t)$,即 O 与 A 的列数和非零元素个数的乘积成正比。通常用二维数组表示矩阵时,其转置算法的执行时间是 $O(m \times n)$,它正比于行数和列数的乘积。由于非零元素个数一般远远大于行数,因此上述稀疏矩阵转置算法的时间大于通常的转置算法的时间,为此我们提出另一种方法。

(2) 按照 a. data 中三元组的次序进行转置。该算法思想如下:

该算法实现对 a. data 扫描一次就能得到 b. data,因此首先要知道 a. data 中元素在 b. data 中存储位置,才能每扫描到一个元素就直接将它放到 b. data 中应有的位置上。为此需设置两个数组 num[1..n] 和 pot[1..n],分别存放在矩阵 M 中每一列的非零元素个数和每一列第 1 个非零元素在 b. data 中的位置。因此有:

pot[1]=0;

pot[col]=pot[col−1]+num[col−1] (2≤col≤n)

对于图 3-5 中矩阵 M,其 num 和 pot 的值如表 3-1 所示。

表 3-1 设置数值

col	1	2	3	4	5	6
num[col]	2	0	2	0	1	1
pot[col]	0	2	2	4	4	5

转置算法描述

【算法 3.2】

```
void   FTran (TriTupleTable * b,TriTupleTable * a)
{/ * a, b 是矩阵 A、B 的三元组表表示,B 是 A 的转置矩阵 * /
 int p,q,col;
 b−>m=a−>n; b−>n=a−>m;  / * A 和 B 的行列总数互换 * /
 b−>t=a−>t;  / * 非零元总数 * /
 if(a−>t! =0){
  for(col=1;col<=a−>n;col ++)     num[col]=0;
  for (k=0;k<a−>t;k ++)num[a−>data[k].j]++;
  pot[1]=0;
  for (col=2;col<=a−>n;col ++)
   pot[col]=pot[col−1]+num[col−1];
  for(p=0;p<a−>t;p ++){
   col=a−>data[p].j;q=pot[col];
    b−>data[q].i=a−>data[p].j;
    b−>data[q].j=a−>data[p].i;
    b−>data[q].v=a−>data[p].v;
```

```
        pot[col]++；
        }
    }
}/*FTran*/
```

【算法分析】

此算法比前一个算法多用了两个数组，但从时间上，由于4个并列的循环语句分别执行了 $n,t,n-1$ 和 t 次，因此算法的执行时间为 $O(n+t)$，当 t 和 $m\times n$ 等数量级时，该算法的执行时间为 $O(m\times n)$，但在 $t\ll m\times n$ 时，此算法比较高效。

3.稀疏矩阵的十字链表结构

稀疏矩阵的三元组结构与传统的二维数组相比节约了大量的存储空间，但是在进行某些运算，如矩阵相加乘法运算时，非零个数和位置会发生很大的变化，采用三元组的顺序结构势必需要移动大量元素。为了避免移动元素，可以采用链式存储结构——十字链表。

在十字链表中，每一个非零元素用一个结点表示，结点中除了表示非零元所在的行（row）、列（col）和值（val）的域外，还需增加两个链域：行指针域（right），用来指向本行中下一个非零元素；列指针域（down），用来指向本列中下一个非零元素。整个链表构成一个十字交叉的链表，我们称这样的存储结构为十字链表。十字链表可用两个分别存储行链表的头指针和列链表的头指针的一维数组表示之。图3-7为图3-5中稀疏矩阵 M 的十字链表：

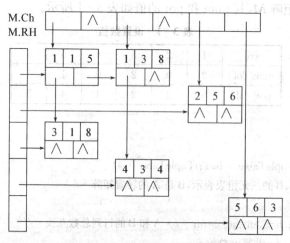

图3-7　稀疏矩阵 M 的十字链表

十字链表的结构描述如下：

```
typedef struct  ONode
{ int row,col;
   ElemType  val；/*非零元素结点用 val 域*/
   struct node *right,*down;
   }Onode;
```

当稀疏矩阵用三元组表进行相加时，有可能出现非零元素的位置变动，这时不宜采用三元组表作存储结构，而应该采用十字链表。但由于每个非零元结点既在行链表中又在列链表中，所以在插入或删除结点时，既要在行链表中进行又要在相应的列链表中进行，因此指针的修改会复杂些。

3.2　广义表

3.2.1　广义表的定义

广义表是线性表的推广,也称为列表(List)。广义表一般记作 $LS=(d_0,d_1,\cdots d_{n-1})$。其中 LS 是广义表 $(d_0,d_1,\cdots d_{n-1})$ 的名称,表中元素的个数 n 称为广义表的长度。在线性表的定义中,$a_i(1\leqslant i\leqslant n)$ 只限于是单个元素.而在广义表的定义中,d_i 可以是单个元素,也可以是广义表,分别称为广义表 LS 的单元素(称为原子数据)和子表。习惯上,用大写字母表示广义表的名称,用小写字母表示单元素。当广义表 LS 非空时,称第一个元素 d_0 为广义表的表头(Head),称其余元素组成的表 $(d_1,d_2,\cdots d_{n-1})$ 是 LS 的表尾(Tail)。

一个广义表的深度是指该广义表展开后所含括号的层数。

显然,广义表的定义是一个递归的定义,因为在描述广义表时又用到了广义表的概念。下面列举一些广义表的例子。

(1) A=( );A 是一个空表,它的长度为 0;深度为 1。

(2) $B=(e)$;广义表 B 只有一个单元 e,B 的长度为 1;深度为 1。

(3) $C=(a,(b,c,d))$;广义表 C 的长度为 2,两个元素分别为单元素 a 和子表 (b,c,d),a 是表头,表尾是 $((b,c,d))$;深度为 2。

(4) $D=(A,B,C)$;广义表 D 的长度为 3,三个元素都是列表。显然,将子表的值代入后,则有 $D=((\ ),(e),(a,(b,c,d)))$;深度为 3。

(5) $E=(a,E)$;这是一个递归的表,它的长度为 2。E 相当于一个无限的广义表 $E=(a,(a,(a\cdots)))$,深度无法确定。

由上述定义和例子可知广义表的三个重要结论:

(1) 广义表的元素可以是子表,而子表的元素还可以是子表。

(2) 广义表可为其他广义表所共享。

(3) 广义表可以是一个递归的表,即广义表也可以是其本身的一个子表。

此外,由广义表的深度定义可知,空表或只含原子数据的广义表深度为 1,任一非空广义表的深度=最大子表深度+1。由表头和表尾的定义可知,任何一个非空的广义表,其表头可能是原子,也可能是子表,但表尾必定为子表。

3.2.2　广义表的存储结构

由于广义表的元素类型不一定相同,因此,很难用顺序结构存储表中元素,通常采用链存储方法来存储广义表中元素,并称之为广义链表。采用链式存储结构,每个数据元素可用一个结点表示。

根据上一节的分析,广义表中有两类结点:一是原子结点,一是子表结点。为了将两者统一,用了一个标志 tag,当其为 0 时,表示是原子结点,其 data 域存储结点值,link 域指向下一个结点；当其 tag 为 1 时表示是子表结点，其 sublist 为指向子表的指针，如图 3-8 所示。

| Tag=1 | sublist | link |

子表结点

| Tag=0 | data | link |

原子结点

图 3-8 广义表的链表结点结构

用 C 语言描述结点的类型如下：

```
typedef struct   GLnode
{
  int tag; /*公共部分，用于区分原子结点(tag=0)和子表结点(tag=1)*/
  union{
    struct   GLnode * sublist；  /*子表结点的指针域*/
    Elemtype data；  /*原子结点的数据域*/
    };
  struct Glnode * link；
}Gnode；
```

广义表有两种类型的存储结构，一是将广义表分为表头和表尾存储，一是在同层存储所有的兄弟。如图 3-9 所示是广义表存储结构示意图。

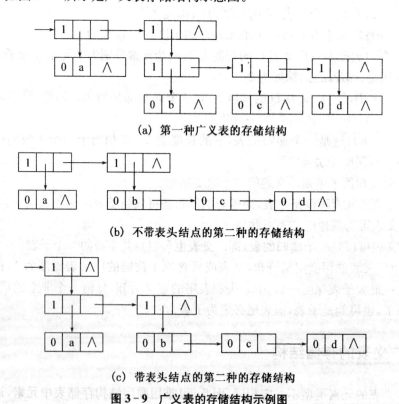

(a) 第一种广义表的存储结构

(b) 不带表头结点的第二种的存储结构

(c) 带表头结点的第二种的存储结构

图 3-9 广义表的存储结构示例图

[例 3-5] $C=(a,(b,c,d))$ 的存储结构示意图如图 3-9 所示。

上述图 3-9(b)存储结构容易分清广义表中原子和子表所在层次；最高层的表结点个数即为广义表的长度；最低层的表结点所在层数即为广义表的深度。

3.2.3　广义表的递归算法

广义表的基本运算有:向广义表插入元素和从广义表中查找或删除元素,求广义表的长度和深度、输出广义表及广义表的复制等操作。由于广义表定义具有递归性质,因此采用递归算法是很自然的,本节采用带表头结点的广义表第二种存储结构实现下列基本运算。

1. 求广义表的深度

算法思想:求广义表的深度深度公式如下:

(1) depdh(p)＝1 当表为空。

(2) depdh(p)＝max(depdh(p$_1$),…,depdh(p$_n$))＋1 其余情况。

其中 p＝(p$_1$,p$_2$,…,p$_n$)。

具体算法

【算法 3.3】

```
int GLdepth(Gnode * H) /* 求表的深度函数 */
{
    int dep,maxdh=0;
        while (H! =NULL)
        {if (H->tag==1)
         {dep=GLdepth(H->val. sublist);
            if (dep>maxdh)
                maxdh=dep;
            }
            H=H->link
        return maxth+1;
}
```

2. 计算一个广义表 H 中所有原子的个数

算法思想:设 *num* 存储原子的个数,对于广义表的每个元素进行循环,若为子表,递归计算该子表,并将其返回值累加到 *num* 中;否则,*num* 增1,最后返回 *num* 值。

具体算法如下:

【算法 3.4】

```
int atomnum(Gnode * H)
 {
   int num=0;
  while (H! =Null)
   {
   if (H->tag==1)
     num+=atomnum(H->val. sublist);
   else
    num+=1;
     H-H->link;}
    return num;
   }
```

3.3 实训案例与分析

【实例1】 稀疏矩阵的加法

【实例要求】

假设稀疏矩阵 A 和 B（具有相同的大小 $m*n$）都采用三元组表示，编写一个函数计算 $C=A+B$，要求 C 也采用三元组表示。

例如：矩阵 A、B 及生成矩阵 C 为：

矩阵 A 矩阵 B 矩阵 C

$$\begin{bmatrix} 0 & 0 & 1 & 2 \\ 1 & 0 & 0 & 0 \\ 0 & 4 & 0 & 0 \end{bmatrix} \quad \begin{bmatrix} 1 & 0 & 1 & 0 \\ 2 & 0 & 0 & 0 \\ 0 & 0 & 0 & 0 \end{bmatrix} \quad \begin{bmatrix} 1 & 0 & 2 & 2 \\ 3 & 0 & 0 & 0 \\ 0 & 4 & 0 & 0 \end{bmatrix}$$

图 3-10   矩阵表示

其对应的三元组分别为：

矩阵 A 的三元组表示   矩阵 B 的三元组表示   矩阵 C 的三元组表示

0	2	1
0	3	2
1	0	1
2	1	4

0	0	1
0	2	1
1	0	2

0	0	1
0	2	2
0	3	2
1	0	3
2	1	4

图 3-11   矩阵的三元组表示

程序应完成如下功能：

(1) 程序中能输入 A、B 两个三元组的数据；

(2) 把矩阵相加结果送到 C 中；

(3) 输出 C 中存储的结果。

【实例分析】

依次扫描 A 和 B 的行号和列号，若 A 的当前项的行号等于 B 的当前项的行号，则比较其列号，将较小列的项存入 C 中，如果列号也相等，则将对应的元素值相加后存入 C 中；若 A 的当前项的行号小于 B 的当前项的行号，则将 A 的项存入 C 中；若 A 的当前项的行号大于 B 的当前项的行号，则将 B 的项存入 C 中。数据结构采用三元表表示，定义如下：

```
typedef struct
{int row,col;      /* 该非零元素的行、列下标 */
 int data;     /* 该非零元素的值 */
}TripleTp;
typedef struct
{
TripleTp val[MAX+1];
```

```
int mu,nu,tu;
}TSMatrix;
```

【参考程序】

```
#define MAX 30
typedef struct
{int row,col；      /*该非零元素的行、列下标*/
 int data；   /*该非零元素的值*/
}TripleTp；
typedef struct
{
TripleTp val[MAX+1]；
 int mu,nu,tu；
}TSMatrix；
void TSMatrix_Add(TSMatrix A,TSMatrix B,TSMatrix * C)
{
int pa,pb,pc=0,x,ce；
C->mu=A. mu;C->nu=A. nu;C->tu=0；
for(x=0;x<A. mu;x ++)
 {pa=0;pb=0；
 while(pa<A. tu&&A. val[pa]. row<x) pa ++ ；
   while(pb<B. tu&&B. val[pb]. row<x) pb ++ ；
while(pa<A. tu&&pb<B. tu&&A. val[pa]. row==x&&B. val[pb]. row==x)
   {if(A. val[pa]. col==B. val[pb]. col)
   {ce=A. val[pa]. data+B. val[pb]. data；
     if(ce)
       {
       C->val[pc]. row=x；
       C->val[pc]. col=A. val[pa]. col；
       C->val[pc]. data=ce；
       pa ++ ;pb ++ ;pc ++ ；
       }
     else     {pa ++ ;pb ++ ;}
     }
     else if(A. val[pa]. col>B. val[pb]. col)
       {
       C->val[pc]. row=x；
       C->val[pc]. col=B. val[pb]. col；
       C->val[pc]. data=B. val[pb]. data；
       pb ++ ;pc ++ ；
       }
     else
     {C->val[pc]. row=x；
       C->val[pc]. col=A. val[pa]. col；
```

```
          C->val[pc].data=A.val[pa].data;
        pa++;pc++;
          }
          }
      while(pa<A.tu&&A.val[pa].row==x)
      {
        C->val[pc].row=x;
        C->val[pc].col=A.val[pa].col;
        C->val[pc].data=A.val[pa].data;
        pa++;pc++;
          }
      while(pb<B.tu&&B.val[pb].row==x)
      {
        C->val[pc].row=x;
        C->val[pc].col=B.val[pb].col;
        C->val[pc].data=B.val[pb].data;
        pb++;pc++;
          }
        }
      C->tu=pc;
      }
main()
{
int i;
TSMatrix A,B,C;
A.mu=4;A.nu=4;A.tu=4;
B.mu=4;B.nu=4;B.tu=3;
printf("input A val:\n");
for(i=0;i<A.tu;i++)
scanf("%d%d%d",&A.val[i].row, &A.val[i].col, &A.val[i].data);
printf("input B val:\n");
for(i=0;i<B.tu;i++)
scanf("%d%d%d",&B.val[i].row, &B.val[i].col, &B.val[i].data);
TSMatrix_Add(A,B,&C);
printf("output C val:\n");
for(i=0;i<C.tu;i++)
printf("%d  %d  %d\n",C.val[i].row,C.val[i].col,C.val[i].data);
}
```

【测试数据与结果】

```
input A val:
0  2  1
0  3  2
1  0  1
```

2 1 4

input B val：

0　0　1

0　2　1

1　0　2

output C val：

0　0　1

0　2　2

0　3　2

1　0　3

2　1　4

【实例 2】　稀疏矩阵的转置

【实例分析】

稀疏矩阵的转置运算就是对一个 $m \times n$ 的矩阵 A，它的转置矩阵 B 是一个 $n \times m$ 的矩阵，且

$$A[i][j] = B[j][i], 0 \leqslant i < m, 0 \leqslant j < n,$$

即 A 的行是 B 的列，A 的列是 B 的行。例：

$$A = \begin{bmatrix} 3 & 0 & 0 & 12 & 0 & 0 \\ 0 & 0 & 19 & 0 & 0 & 0 \\ 7 & 0 & 11 & 0 & 24 & 0 \\ 0 & 0 & 0 & 0 & 0 & 0 \\ 0 & 0 & 4 & 0 & 0 & 0 \end{bmatrix} \qquad B = \begin{bmatrix} 3 & 0 & 7 & 0 & 0 \\ 0 & 0 & 0 & 0 & 0 \\ 0 & 19 & 11 & 0 & 4 \\ 12 & 0 & 0 & 0 & 0 \\ 0 & 0 & 24 & 0 & 0 \\ 0 & 0 & 0 & 0 & 0 \end{bmatrix}$$

图 3 - 12　矩阵及其转置矩阵

图 3 - 12 所示的矩阵 B 是矩阵 A 的转置矩阵。其三元组表示如下：

A 的三元组表示

rol	col	data
1	1	3
1	4	12
2	3	19
3	1	7
3	3	11
3	5	24
5	3	4

B 的三元组表示

rol	col	data
1	1	3
1	3	7
3	2	19
3	3	11
3	5	4
4	1	12
5	3	24

因此，程序的设计，要求输入矩阵 A 的三元组表示，输出其转置矩阵的三元组值。

【参考程序】

```
#define MAX 30
    typedef struct
    {int row,col;  /*该非零元素的行、列下标*/
```

```
    int data; /*该非零元素的值*/
      }TripleTp;
typedef struct
  {
  TripleTp val[MAX+1];
    int mu,nu,tu;
    }TSMatrix;
main()
{
int i,q,p;
TSMatrix A,B;
printf("input col row and number:");
scanf("%d%d%d",&A.mu, &A.nu, &A.tu);/*输入稀疏矩阵的行数、列数和非零元素的个
数*/
B.mu=A.nu;B.nu=A.mu;B.tu=A.tu;
printf("input A val:\n");
for(i=0;i<A.tu;i++)
scanf("%d%d%d",&A.val[i].row, &A.val[i].col, &A.val[i].data);
if (A.tu! =0){
  q=0;
  for(i=1;i<=A.nu;i++)
   for (p=0;p<A.tu;p++)
     if (A.val[p].col==i){
       B.val[q].row=A.val[p].col;
       B.val[q].col=A.val[p].row;
       B.val[q].data=A.val[p].data;
     q++;
      }
      }
printf("output B:");
  for(i=0;i<B.tu;i++)
printf("%d  %d  %d\n",B.val[i].row,B.val[i].col,B.val[i].data);
}
```

【测试数据与结果】

```
input col row and number:5  6  7
input A val:
1  1  3
1  4  12
2  3  19
3  1  7
3  3  11
3  5  24
5  3  4
```

output B

:

```
1  1  3
1  3  7
3  2  19
3  3  11
3  5  4
4  1  12
5  3  24
```

复习思考题

一、选择题

1. 数组元素之间的关系是（   ）。

    A. 既不是线性的,也不是树形的   B. 是线性的

    C. 是树形的   D. 既是线性的,也是树形的

2. 二维数组 M 的元素是 4 个字符(每个字符占一个存储单元)组成的串,行下标 i 的范围从 0 到 4,列下标 j 的范围从 0 到 5,M 按行存储时元素 $M[4][5]$ 的起始地址与 M 按列存储时元素(   )的起始地址相同。

    A. $M[2][4]$ B. $M[3][4]$ C. $M[4][5]$ D. $M[4][4]$

3. 常对数组进行的两种基本操作是（   ）。

    A. 建立与删除   B. 索引和修改   C. 查找和修改   D. 查找与索引

4. 数组 $A[5][6]$ 的每个元素占 5 个单元,将其按行优先次序存储在起始地址为 1000 的连续的内存单元中,则元素 $A[4,4]$ 的地址为（   ）。

    A. 1140   B. 1145   C. 1120   D. 1125

5. 数组 $A[6][7]$ 的每个元素占 5 个单元,将其按列优先次序存储在起始地址为 1000 的连续的内存单元中,则元素 $A[5,6]$ 的地址为（   ）。

    A. 1175   B. 1180   C. 1205   D. 1210

6. 数组 $A[8][10]$ 中,每个元素 A 的长度为 4 个字节,从首地址 SA 开始连续存放在存储器内,存放该数组至少需要的单元数是（   ）。

    A. 80   B. 320   C. 240   D. 270

7. 稀疏矩阵一般的压缩存储方法有两种,即（   ）。

    A. 二维数组和三维数组   B. 三元组和散列

    C. 三元组和十字链表   D. 散列和十字链表

8. 设矩阵 A 是一个对称矩阵,为了节省存储空间,将其下三角部分按行序存放在一维数组 $B[1,n(n-1)/2]$ 中,对下三角部分中任一元素 $a_{ij}(i \leqslant j)$,在一组数组 B 的下标位置 k 的值是（   ）。

A. $i(i-1)/2+j-1$ B. $i(i-1)/2+j$

C. $i(i+1)/2+j-1$ D. $i(i+1)/2+j$

9. 一个 n 阶对称矩阵,如果以行或列为主序放入内存,则容量为(　　)。

A. $n*n$ B. $n*n/2$

C. $(n+1)*(n+1)/2$ D. $n*(n+1)/2$

10. 设有一个 10 阶的对称矩阵 A,采用压缩存储方式,以行序为主存储,a_{11} 为第一个元素,其存储地址为 1,每个元素占 1 个地址空间,则 a_{84} 的地址为(　　)。

A. 15 B. 32 C. 34 D. 33

11. 广义表((a),(a))的表头是(　　),表尾是(　　)。

A. a B. (a) C. ((a)) D. ()

二、填空题

1. 对矩阵采用压缩存储是为了_____。

2. 假设一个 10 阶的下三角矩阵 A 按列优顺序压缩存储在一维数组 C 中,则 C 数组的大小应为_____。

3. 已知二维数组 $A[m][n]$ 采用行序为主方式存储,每个元素占 k 个存储单元,并且第一个元素的存储地址是 $LOC(A[0][0])$,则 $A[i][j]$ 的地址是_____。

4. 二维数组 $A[10][15]$ 采用列序为主方式存储,每个元素占一个存储单元,并且 $A[0][0]$ 的存储地址是 400,则 $A[6][12]$ 的地址是_____。

5. 有一个 10 阶对称矩阵 A,采用压缩存储方式(以行序为主,且 $A[0][0]=100$),则 $A[8][4]$ 的地址是_____。

6. 设 n 行 n 列的下三角矩阵 A 已压缩到一维数组 $S[1\cdots n*(n+1)/2]$ 中,若按行序为主存储,则 $A[i][j]$ 对应的 S 中的存储位置是_____。

7. 若 A 是按列序为主序进行存储的 4×6 的二维数组,其每个元素占用 3 个存储单元,并且 $A[0][0]$ 的存储地址为 100,元素 $A[1][3]$ 的存储地址为_____,该数组共占用_____个存储单元。

8. 广义表 $(a,(a,b),d,e,((i),j))$ 的表头是_____,表尾是_____,长度是_____,深度是_____。

9. 广义表 $((a,b),b)$ 的表头是_____,表尾是_____。

三、判断题

1. 数组可以看成是线性表结构的一种推广,因此可以对它进行插入、删除等运算。
(　　)

2. 若采用三元组压缩技术存储稀疏矩阵,只要把每个元素的行下标和列下标互换,就完成了对该矩阵的转置运算。
(　　)

3. 一个广义表的表尾总是一个广义表。(　　)

4. 一个广义表的表头总是一个广义表。(　　)

5. 数组元素之间的关系是线性的。(　　)

四、简答题

1. 一个稀疏矩阵如图所示,画出对应的三元组和十字链表表示法。

$$\begin{pmatrix} 5 & 0 & 9 & 0 & 0 & 0 \\ 0 & 0 & 0 & 0 & 6 & 0 \\ 8 & 0 & 0 & 0 & 0 & 1 \\ 0 & 0 & 4 & 0 & 0 & 0 \\ 0 & 0 & 0 & 0 & 0 & 7 \end{pmatrix}$$

2. 画出下列广义表的第二种不带表头结点的存储结构图，并指出其长度和深度。

$$(((a,b)),(c,d,e))$$

五、算法设计

1. 试编写算法，以一维数组做存储结构，实现线性表的就地逆置，即在原子表的存储空间内将线性$(a_0,a_2,\cdots a_i,a_{i+1}\cdots a_{n-1})$逆置为$(a_{n-1},\cdots a_i,a_{i-1}\cdots a_0)$。

2. 求广义表的长度。

六、编程练习

求两个稀疏矩阵（三元组表示）的积。

第 4 章

栈和队列

学习目标

栈和队列是两种特殊而又十分重要的线性表,通过本章的学习认识掌握栈和队列这两种数据结构。

学习要求

➤ 掌握:栈和队列的定义、特性,并能正确应用它们解决实际问题。
➤ 掌握:栈的顺序存储、链表存储以及相应操作的实现。
➤ 掌握:队列的顺序存储、链表存储以及相应操作的实现。

4.1 栈

4.1.1 栈的定义及其运算

1. 栈的定义

栈(stack)是限定仅在表的一端进行插入或删除操作的线性表。因此,表尾具有特殊的含义,是允许插入和删除的一端,称为栈顶(Top),表头端为固定的一端,称为栈底(Bottom)。不含元素的栈称为空栈。栈的插入与删除操作分别称为进栈和出栈。进栈是将一个数据元素存放栈顶,出栈是将栈顶元素取出,如图 4-1 所示。

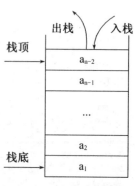

图 4-1 栈示意图

2. 栈的特点

根据栈的定义可知,最先放入栈中的元素在栈底,最后放入的元素在栈顶,而删除元素刚好相反,最后放入的元素最先删除,最先放入的元素最后删除。因此,栈是一种后进先出(Last In First Out)的线性表,简称为 LIFO 表。如元素是以 $a_1, a_2, \cdots, a_n$ 的顺序进栈,则以 $a_n, a_{n-1}, \cdots, a_1$ 的顺序退栈。

3. 栈的运算

有关栈的基本操作主要有以下几种:

(1) 初始化栈:InitStack(S)

初始条件：栈 S 不存在。

操作结果：构造一个空栈 S。

（2）进栈：Push(S, X)

初始条件：栈 S 已存在且非满。

操作结果：若栈 S 不满，则将元素 x 插入 S 的栈顶。

（3）出栈：Pop(S)

初始条件：栈 S 已存在且非空。

操作结果：删除栈 S 中的栈顶元素，也称为"退栈"、"删除"或"弹出"。

（4）取栈顶元素：GetTop(S)

初始条件：栈 S 已存在且非空

操作结果：输出栈顶元素，但栈中元素不变。

（5）判栈空：Empty(S)

初始条件：栈 S 已存在

操作结果：判断栈 S 是否为空，若为空，返回值为 1，否则返回值为 0。

（6）判栈满 StackFull(S)

初始条件：栈 S 已存在

操作结果：若 S 为满栈，则返回 1，否则返回 0。

注意：该运算只适用于栈的顺序存储结构。

4.1.2　栈的顺序存储结构

1. 栈的顺序存储结构

栈的顺序存储结构简称为顺序栈，它类似于线性表的顺序存储结构，是利用一批地址连续的存储单元依次存放自栈底到栈顶的数据元素，同时设一栈顶指针 top 指向栈顶元素的下一个位置。通常用一维数组来实现栈的顺序存储。一般以数组小下标一端做栈底，即 top＝0 时为空栈，每进栈一个元素，指针 top 加 1；每出栈一个元素，指针减 1。栈的存储结构描述为：

```
typedef struct{
    ElemType    elem[MaxSize];
    int top;
}SqStack;
```

2. 栈的变化

栈总是处于栈空、栈满或不空不满三种状态之一，它们是通过栈顶指针 top 的值体现出来的。在这里规定 top 的值为下一个进栈元素在数组中的下标值。

假设 S 是 SqStack 类型的指针变量，MaxSize 为 6，栈空时（初始状态），top＝0，如图 4-2(a)所示；图 4-2(b)是进栈两个元素的状况，图 4-2(c)是栈满时的状况，此时 top＝MaxSize；图 4-2(d)是在图 4-2(c)基础上出栈一个元素后的状况。

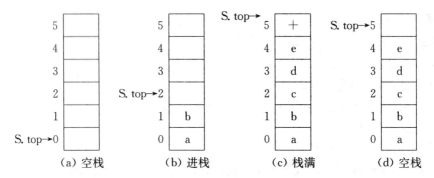

图 4-2 栈的状态变化

3. 顺序栈运算的基本算法

（1）初始化栈。算法如下：

【算法 4.1】

```
void IinitStack(SqStack * S){
/ * 建立一个空栈 S * /
S—>top=0;
} / * InitStack * /
```

（2）进栈。进栈运算是在栈顶位置插入一个新元素 x,其算法思想为：

1）检查栈是否已满,若栈满,进行"溢出"处理,并返回 0。

2）若栈未满,将新元素赋给栈顶指针所指的单元。

3）将栈顶指针上移一个位置（即加 1）。

算法如下：

【算法 4.2】

```
int Push_Sq(SqStack * S,ElemType x)
{
    if (S—>top==MaxSize) return 0;/ * 栈满 * /
    S—>elem[s—>top]=x; S—>top ++;
    return 1;
}/ * Push_Sq * /
```

（3）出栈。出栈算法思想如下：

（1）检查栈是否为空,若栈空,进行"下溢"处理。

（2）若栈未空,将栈顶指针下移一个位置（即减 1）。

（3）取栈顶元素的值,以便返回给调用者。

具体算法如下：

【算法 4.3】

```
int  Pop_Sq(SqStack * S, ElemType * y)
{ if (S—>top= =0) return  0; / * 栈空 * /
  ——S—>top; * y=S—>elem[S—>top];
return(1);
}
```

（4）取栈顶元素。算法如下：

【算法 4.4】

```
char Gettop(SqStack * S)
{ int i;
if (S->top= =0)
{printf("Underflow"); return (0);}    /* 若栈空,不能读栈顶元素,则返回 0 */
else {i= S top-1;
return (S->elem [i]);}        /* 否则,读栈顶元素,但指针未移动 */
}
```

（5）判栈空操作。算法如下：

【算法 4.5】

```
int Empty(SqStack * S)
{
if (S->top= =0)   return (1);   /* 若栈空,则返回 1 */
else return (0);           /* 否则,则返回 0 */
}
```

4.1.3 栈的链式存储结构

1. 链栈的定义

用链式存储结构实现的栈称为链栈。链栈的结点结构与单链表的结点结构相同,通常就用单链表来表示,栈的链式存储结构描述如下：

```
typedef struct   Snode
  { ElemType data;
    Struct   Snode  * next;
    };
```

由于栈的插入和删除操作只在栈顶进行,因此用指针实现栈时不像单链表那样设置一个表头单元,链栈由它的栈顶指针唯一确定。如果设栈顶指针 top 是 Snode 类型的变量,则 top 指向栈顶结点,当 top =NULL 时,链栈为空。图 4-3 展示了链栈的元素的结点与栈顶指针的关系。

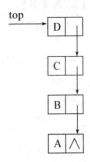

图 4-3 链栈示意图

2. 链栈的基本操作

（1）进栈运算。进栈算法思想：

1）为待进栈元素 x 申请一个新结点,并把 x 赋给该结点的值域。

2）将 x 结点的指针域指向栈顶结点。

3）栈顶指针指向 x 结点,即使 x 结点成为新的栈顶结点。

具体算法如下：

【算法 4.6】

```
SNode * Push_L(SNode * top,ElemType x)
{
    SNode * p;
    p=(SNode * )malloc(sizeof(SNode));
```

```
    p—>data=x;
    p—>next=top;
    top=p;
  return   top;
  }
```

（2）出栈运算。出栈算法思想如下：

1）检查栈是否为空，若为空，进行错误处理。

2）取栈顶指针的值，并将栈顶指针暂存。

3）删除栈顶结点。

具体算法如下：

【算法 4.7】

```
SNode  * POP_L(SNode  * top,ElemType * y)
  {SNode  * p;
if(top==NULL) return Null;/ * 链栈已空 * /
  else{
    p=top;
     * y=p—>data;
    top=p—>next; free(p);
  return   top;
    }
```

（3）取栈顶元素。具体算法如下：

【算法 4.8】

```
void gettop(SNode  * top)
{
  if(top! =NULL)
    return(top—>data); / * 若栈非空,则返回栈顶元素 * /
  else
    return(NULL); / * 否则,则返回 NULL * /
}
```

4.1.4　栈的应用

由于栈结构具有"后进先出"的特点，使它在计算机程序设计中成为重要的结构。如程序设计中进行语法检查、计算表达式的值、函数的调用和实现递归等都要用到栈结构。下面主要讨论以下几个典型例子。

1. 算术表达式的求值

（1）算术表达式的中缀表示。把运算符放在参与运算的两个操作数中间的算术表达式称为中缀表达式。例如：$3 * 4, a+b/c$。算术表达式中包含了算术运算符和算术量（常量、变量、函数），而运算符之间又存在着优先级。算术运算符包括：＋、－、＊、／、∧（乘方）和括号（）。这些运算符的优先级为：（）、∧、＊、／、＋、－。因此编译程序在求值时，不能简单从左到右运算，必须先算运算级别高的，再算运算级别低的，同一级的运算符从左到右进行。

在中缀表达式中,例如运算:$a+b*c-d$ 时,编译器并不知道要先做 $b*c$,它只能从左向右逐一检查,当检查到第一个运算符号"+"时还无法知道是否可执行,待检查到第二个运算符"*"时,由于乘号的运算级别比"+"高,才知道 $a+b$ 是不可以执行的,当继续检查到第三个运算符减号时,方才确定应先执行 $b*c$。

(2) 算术表达式的后缀表示。把运算符放在参与运算的两个操作数后面的算术表达式称为后缀表达式,也称为逆波兰式。

例如,对于下列各中缀表达式:

① 10/5+8

② 28-9 * (4+3)

对应的后缀表达式为:

① 10 5 / 8 +

② 28 9 4 3 + * -

在后缀表达式中,不存在运算符的优先级问题,也没有任何括号,计算的顺序完全按照运算符出现的先后次序进行。如上例(2)对后缀表达式进行运算时,编译器自左向右进行扫描,遇到第一个运算符"+"时,即把前两个运算对象取出来进行运算,得到(4+3)的结果,继续运算遇到运算符"*"时,再把前两个运算结果取出来进行运算,得到 9 * (4+3)的结果,直到整个表达式算完为止,因此,后缀表达式比中缀表达式求值要简单得多。

与后缀表达式相对应的还有一种前缀表达式,也称为波兰式。在前缀表达式中,运算符出现在两个运算对象之前。

(3) 后缀表达式的求值的算法。设置一个栈,开始时栈为空,然后从左到右扫描后缀表达式,若遇操作数,则进栈;若遇运算符,则从栈中退出两个元素,先退出地放到运算符的右边,后退出地放到运算符左边,运算后的结果再进栈,直到后缀表达式扫描完毕。此时,栈中仅有一个元素,即为运算的结果。

[例 4-1]　求后缀表达式:2 1 + 8 2 - 7 4 - / * 的值,栈的变化情如表 4-1 所示。

表 4-1　后缀表达式求值时栈的变化

步骤	栈中元素	说明
1	2	2 进栈
2	2 1	1 进栈
3		遇+号退栈 1 和 2
4	3	2+1=3 的结果 3 进栈
5	3 8	8 进栈
6	3 8 2	2 进栈
7	3	遇-号退栈 2 和 8
8	3 6	8-2=6 的结果 6 进栈
9	3 6 7	7 进栈
10	3 6 7 4	4 进栈

（续表）

步骤	栈中元素	说明
11	3 6	遇一号退栈 4 和 7
12	3 6	7−4＝3 的结果 3 进栈
13	3	遇/号退栈 3 和 6
14	3 2	6/3＝2 的结果 2 进栈
15		遇 * 号退栈 2 和 3
16	6	3 * 2＝6 进栈
17	6	扫描完毕,运算结束

从表 4−1 可知,最后求得的后缀表达式之值为 6,与用中缀表达式求得的结果一致,但后缀式求值要简单得多。

（4）中缀表达式变成等价的后缀表达式的算法。将中缀表达式变成等价的后缀表达式,是栈应用的典型例子,其转换规则是:设立一个栈,存放运算符,首先栈为空,编译程序从左到右扫描中缀表达式,若遇到操作数,直接输出,并输出一个空格作为两个操作数的分隔符;若遇到运算符,则必须与栈顶比较,运算符级别比栈顶级别高则进栈,否则退出栈顶元素并输出,然后输出一个空格作分隔符;若遇到左括号,进栈;若遇到右括号,则一直退栈输出,直到退到左括号止。当栈变成空时,输出的结果即为后缀表达式。

[例 4−2]　将中缀表达式(2+1) * ((8−2)/(7−4))变成等价的后缀表达式。

现在用栈来实现该运算,栈的变化及输出结果如表 4−2 所示。

表 4−2　栈的变化及输出

步骤	栈中元素	输出结果	主要操作
1	(		(进栈
2	(	2	输出 2
3	(+	2	+进栈
4	(+	2 1	输出 1
5		2 1 +	+退栈输出,退栈到(止
6	*	2 1 +	*进栈
7	* (	2 1 +	(进栈
8	* ((	2 1 +	(进栈
9	* ((	2 1 + 8	输出 8
10	* ((−	2 1 + 8	输出 2
11	* ((−	2 1 + 8 2	−进栈
12	* (	2 1 + 8 2 −	−退栈输出,退栈到(止
13	* (/	2 1 + 8 2 −	/进栈

（续表）

步骤	栈中元素	输出结果	主要操作
14	＊（/（	2 1 ＋ 8 2 －	（进栈
15	＊（/（	2 1 ＋ 8 2 － 7	输出 7
16	＊（/（－	2 1 ＋ 8 2 － 7	－进栈
17	＊（/（－	2 1 ＋ 8 2 － 7 4	输出 4
18	＊（－	2 1 ＋ 8 2 － 7 4 －	－退栈输出,退栈到（止
19	＊	2 1 ＋ 8 2 － 7 4 － /	/退栈输出,退栈到（止
20		2 1 ＋ 8 2 － 7 4 － / ＊	＊退栈并输出

2. 数制转换

将一个非负的十进制整数 N 转换为另一个等价的基数为 B 的 B 进制数,可通过"除 B 取余法"来解决。

[例 4 - 3]　将十进制数 13 转化为二进制数。

解:按除 2 取余法,得到的余数依次是 1、0、1、1,则十进制数转化为二进制数为 1101。

分析:由于最先得到的余数是转化结果的最低位,最后得到的余数是转化结果的最高位,因此计算过程得到的余数是从低位到高位的,而输出过程是从高位到低位依次输出的,所以这一算法很容易用栈来解决。

算法思想如下:

(1) 若 $N<>0$,则将 $N\%B$ 取得的余数压入栈中,执行步骤(2)。

(2) 用 N/b 代替 N。

(3) 当 $N>0$,则重复步骤(1)、(2)。

具体算法如下:

【算法 4. 9】

```
void Conversion (int N,int B)
{/ * 设 N 是非负的十进制整数,输出等值的 B 进制数 * /
int i;
SNode S;
   InitStack(S);
while(N){/ * 从右向左产生 B 进制的各位数字,并将其进栈 * /
   push(S,N%B); / * 将 bi 进栈 0<=i<=j
   N=N/B;
   }
   while(! StackEmpty(S)){/ * 栈非空时退栈输出 * /
   i=Pop(S);
   printf("%d",i);
   }
   }
```

4.2 队列

4.2.1 队列的定义及其运算

1. 定义

队列(Queue)是只允许在一端进行插入,而在另一端进行删除的线性表。其所有的插入均限定在表的一端进行,该端称为队尾(Rear);所有的删除则限定在表的另一端进行,该端则称为队头(Front)。如果元素按照 $a_1, a_2, a_3 \cdots a_n$ 的顺序进入队列,则出队列的顺序不变,也是 $a_1, a_2, a_3 \cdots a_n$。如图 4-4 所示,可见队列具有先进先出(First In First Out,简称 FIFO)特性。

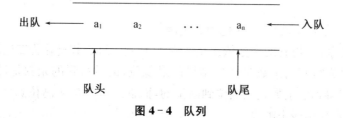

图 4-4 队列

在日常生活中,队列的例子到处皆是,如车站排队买票,排在队头的处理完离开,后来的则必须排在队尾等待。在程序设计中,比较典型的例子就是操作系统的作业排队。

2. 队列的基本运算

(1) InitQueue(Q)

初始条件:队列 Q 不存在。

操作结果:置空队列,构造一个空队列 Q。

(2) QueueEmpty(Q)

初始条件:队列 Q 存在。

操作结果:判断队列是否为空,若队列 Q 为空,则返回 1,否则返回 0。

(3) EnQueue(Q, x)

初始条件:队列 Q 存在且未满。

操作结果:若队列 Q 未满,则将元素 x 插入 Q 的队尾,长度加 1,此操作简称**入队**。

(4) DelQueue(Q)

初始条件:队列 Q 存在且非空。

操作结果:删去 Q 的队头元素,并返回该元素。长度减 1,此操作简称**出队**。

(5) GetFront(Q)

初始条件:队列 Q 存在且非空。

操作结果:读队头元素,队列 Q 的状态不变。

4.2.2 队列的顺序存储结构

1. 顺序队列的定义

队列的顺序存储结构称为顺序队列,顺序队列实际上是运算受限的顺序表,因此和顺序表一样,顺序队列也必须用一个数组来存放当前队列中的元素。由于队列的队头和队尾的位置是变化的,因而要设两个指针分别指示队头和队尾元素在队列中的位置,顺序存储结构为:

```
typedef   struct{
    ElemType   elem[MaxSize];
    int front,rear;   / * 队头、队尾指针 * /
    }SqQueue
```

2. 顺序队列的基本操作

假设 Sq 为 SqQueue 类型的顺序队列,那么 Sq. elem 存放队列中的元素,Sq. front 指向队头元素,Sq. rear 指向队尾元素的下一个位置。队列初始状态设为 Sq. front＝Sq. rear＝0,设队列长度 MaxSize＝6 时,如图 4－5(a)所示。

(1) 入队。入队时,将新元素插入 rear 所指的位置,然后将 rear 加 1。如图 4－5(b)所示是插入二个元素后的队列状况。

Sq －>elem[Sq－>rear]＝x;

Sq －>rear ＋＋;

(2) 出队。出队时,删去 front 所指的元素,然后将 front 加 1 并返回被删元素。如图 4－5(c)所示删除了两个元素的状况。

* x＝ Sq －>elem[Sq －>front];

Sq －>front ＋＋;

(3) 队列的长度:m＝(Sq －>rear)－(Sq －>front)。

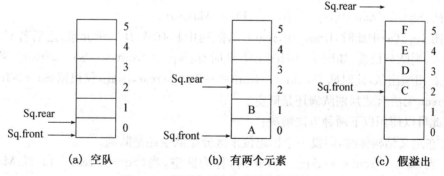

图 4-5　队列中元素和头尾指针的关系

3. 顺序队列中的溢出现象

随着入队、出队操作的进行,在操作过程中会出现下列溢出现象:

(1)"下溢"现象。当队列为空时,做出队运算产生的溢出现象。"下溢"是正常现象,常用作程序控制转移的条件。

（2）"真上溢"现象。当队列满时，做进栈运算产生空间溢出的现象。"真上溢"是一种出错状态，应设法避免。

（3）"假上溢"现象。从顺序存储的队列可以看出，有可能出现这种情况，尾指针指向一维数组最后，但前面有很多元素已经出队，即空出很多位置，这时插入元素，仍然会发生溢出。如队列的最大容量 maxsize=6，此时，rear=6，再进队时将发生溢出，我们将这种溢出称为"假上溢"，见图 4-5(c)所示。

要克服"假上溢"，可以将整个队列中元素向前移动，直到头指针 front 为零，或者每次出队时，都将队列中元素前移一个位置。因此，顺序队列的队满判定条件为 rear=maxsize。但是，在顺序队列中，这些克服"假上溢"的方法都会引起大量元素的移动，要花费大量的时间，所以在实际应用中很少采用，一般采用循环队列形式。

4. 循环队列

（1）循环队列的定义。为了克服顺序队列中"假上溢"，通常将一维数组 Sq. elem[0]到 Sq. elem. [MaxSize−1]看成是一个首尾相接的圆环，即 Sq. elem[0]与 Sq. elem. [maxsize−1]相接在一起。这种形式的顺序队列称为循环队列。如图 4-6 所示。

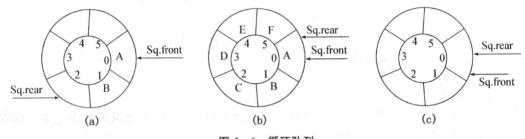

图 4-6　循环队列

在循环队列中，当 rear+1=Maxsize 时，则令 rear=0。但这样的运算很不方便，因此可利用求模运算来实现。

入队：Sq−>rear=(Sq−>rear+1) % MaxSize。

出队：Sq−>front=(Sq−>front+1) % MaxSize。

在图 4-6(a)中此时，front=0，rear=2，队列中具有 A，B 二个元素，之后若 C、D、E、F 相继插入，则队列已满，如图 4-6(b)所示，此时有：Sq−>front==Sq−>rear。若在情况下，$A \sim F$ 相继出队，此时队空，Sq−>front==Sq−>rear，因此，仅根据 Sq−>front==Sq−>rear 无法有效判别队满还是队空。

对此可以使用以下两种方法解决：

• 在定义结构体时，附设一个标志位来区分是队空还是队满。

• 当 Sq−>front==Sq−>rear 时，称为队空，当(Sq−>rear+1) % MaxSize=Sq−>front 时，称为队满，这时，循环队列中能装入的元素个数为 MaxSize−1，虽然浪费一个存储单元，但是这样可以给操作带来较大方便。

本书采用的第二种方法来判别队空还是队满。

（2）循环队列的基本运算

1）队列初始化，具体算法如下：

【算法 4.10】
void InitQueue(SqQueue * Sq){
Sq->front=Sq->rear=0;
}

2）入队列。入队列算法的思想

- 检查队列是否已满，若队满，则进行溢出错误处理；
- 将队尾指针后移一个位置（即加 1），指向下一单元；
- 将新元素赋给队尾指针所指单元。

具体算法如下：

【算法 4.11】
intEnQueue (SqQueue * Sq, ElemType x)
{ if ((Sq->rear+1)%MaxSize == Sq-> front) return 0;
Sq->elem[Sq->rear]=x;
Sq->rear=(Sq->rear+1)% MaxSize;
 return 1;
}

3）出队列。出队列的算法思想：

- 检查队列是否为空，若队空，则返回 0；
- 否则将队首指针后移一个位置（即加 1）；
- 取队首元素的值。

具体算法如下：

【算法 4.12】
voidDelQueue(SqQueue * Sq，Elemtype * y)
{ if (Sq->front== Sq->rear) return 0;
 * y=Sq->elem[Sq->front];
 Sq->front=(Sq->front+1) %MaxSize;
 return 1;
}

4）取队头元素，具体算法如下：

【算法 4.13】
ElemType Getfront(SqQueue * Sq)
{ if (Sq->front==Sq->rear) return 0;
return (Sq->elem[(Sq->front)%MaxSize]);
}

4.2.3　队列的链式存储结构

1. 链队列

通过前面的分析可以看出，对于数据元素变动较大的数据结构，用链式存储结构更有利。在队列中，用线性链表表示的队列称为链队列。链表的第一个节点存放队列的队首结点，链表的最后一个节点存放队列的队尾首结点，队尾结点的链接指针为空。另外还需要两个指针(头指针和尾指针)才能唯一确定,头指针指向队首结点,尾指针指向队尾结点。如图 4-7 所示,当队列为空时,有 front=rear。

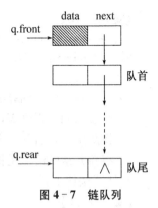

图 4-7　链队列

为操作方便,可以给链队列添加了一个表头结点,不存储任何元素,并令头指针指向表头结点。如图 4-8 所示,空的链队的判别条件是头指针和尾指针均指向头结点,如图 4-8(a)所示。因此链队列的入队和出队操作只需修改头指针或尾指针即可,如图 4-8(b)、4-8(c)、4-8(d)所示。链队列的结构描述如下:

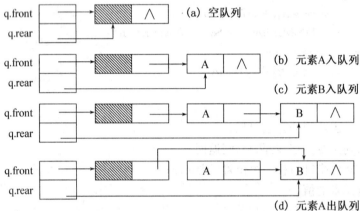

图 4-8　链队列指针变化的情况

```
typedef struct    node    /*结点结构*/
{ ElemType data;
Struct    node    * next;
}Qnode;
typedef struct{
    Qnode * front; /*队头指针*/
    Qnode * rear; /*队尾指针*/
}LQueue;
```

2. 链队列上的基本运算

(1)队列初始化。生成链队列的表头结点,并令头指针和尾指针指向结点。

【算法 4.14】

```
void Init_queue(LQueue * LQ)
{
    p=(Qnode * )malloc(sizeof(node));
    p->next=NULL;
    LQ->front=LQ->rear=p;
}
```

(2)入队列。入队列的算法思想如下:

1)为待进队元素申请一个新结点,给该结点赋值;

2）将 x 结点链到队尾结点上；

3）队尾指针改为指向 x 结点。

具体算法

【算法 4.15】

Void ins_queue(LQueue * LQ,ElemType x)

{Qnode * p;

p=(Qnode *)malloc(sizeof(node))；

p—>data=x；p—>next=null；

LQ—>rear—>next=p；

LQ—>rear=p；

}

（3）出队列。出队列的算法思想如下：

1）检查队列是否为空,若为空进行下溢错误处理；

2）取队首元素的值并将队首指针暂存；

3）头指针后移,指向新队首结点,并删除原队首结点；

4）若队列中仅有一个元素被删除时,就会把队尾指针丢失,因此需对队尾指针重新赋值,指向头结点。

具体算法如下：

【算法 4.16】

int del_queue(LQueue * LQ,ElemType * y)

{ Qnode * p;

if (LQ —>front==LQ—>rear)   return 0；

p=LQ—>front—>next；/ * p 指向队头结点 * /

* y=p—>data；

LQ—>front—>next=p—>next

if (LQ—>rear==p) Lq—>rear=Lq—>front；/ * 尾指针指向头指点 * /

free(p)；

return 1；

}

4.2.4　队列的应用

队列在日常生活中和计算机程序设计中,有着非常重要的作用,下面通过一个例子来说明。

［例 4-4］　CPU 资源的竞争问题。

在具有多个终端的计算机系统中,有多个用户需要使用 CPU 运行自己的程序,它们分别通过各自终端向操作系统提出使用 CPU 的请求,操作系统按照每个请求在时间上的先后顺序,将其排成一个队列,每次先把 CPU 分配给队头用户使用,当其相应的程序运行结束后,则令其出队,再把 CPU 分配给新的队头用户,直到所有用户任务处理完毕为止。

［例 4-5］　主机与外部设备之间速度不匹配的问题。

以主机和打印机为例来说明,主机输出数据给打印机打印,输出数据的速度比打印的速度要快得多,若直接把输出的数据送给打印机打印,由于两者速度不匹配,显然是不行的。所以解决的方法是设置一个打印数据缓冲区,主机把要打印输出的数据依此写入到这个缓冲区中,写满后就暂停写入,继而去做其他的事情。打印机从缓冲区中按照先进先出的原则依次取出数据并打印,打印完后再向主机发出请求,主机接到请求后再向缓冲区写入打印数据,这样利用队列既保证了打印数据的正确,又使主机提高了效率。

4.3　实训案例与分析

【实例1】　通用数制转换程序:将一个十进制数转换成其他进制的数。

【实例分析】

常用的数制有:二进制、八进制、十进制、十六进制。数制转换就是利用"待转换数与相应的进制数反复相除,所得余数的逆置即为转换结果"的方法,本实例的功能就是将一个十进制数转换成其他进制的数。假设待转换的十进制数为 m,要转换成一个 n 进制的数,转换的具体方法如下:

(1) 用 m 除以 n,得到相应的余数,将余数进栈 stack(栈 stack 初始为空)。

(2) 用上一步所得的商再除以 n,得到的余数继续进栈 stack。

(3) 反复做(2)直到商为 0,将最后一次所得的余数也进栈。

(4) 对栈 stack 依次进行出栈操作,直至栈 stack 为空,所得结果即为转换结果。

【参考程序】

```c
# include "stdio. h"
# define MAX 50
char stack[MAX];        / * 栈的类型定义为字符型 * /
int top=0;                 / * 初始化栈 * /
void push(char x)      / * 进栈子函数 * /
{ if(top>=MAX)
     printf("overflow");
   else {
     stack[top]=x;        / * 进栈操作 * /
     top ++ ;}
}
char pop()              / * 出栈子函数,返回值类型为字符型 * /
{ if(top==0) {
     printf("underflow");
     return(NULL);}
   top－－;
   return(stack[top]);
}
int empty() / * 判栈空子函数,空返回 0,不空返回 1 * /
{ if(top==0)
```

```
    return(0);
  else
    return(1);
}
char fun(int x)    /*整数转换成字符子函数*/
{ char t;
  switch(x) {
    case 0:t='0';break;
    case 1:t='1';break;
    case 2:t='2';break;
    case 3:t='3';break;
    case 4:t='4';break;
    case 5:t='5';break;
    case 6:t='6';break;
    case 7:t='7';break;
    case 8:t='8';break;
    case 9:t='10';break;
    case 10:t='A';break;
    case 11:t='B';break;
    case 12:t='C';break;
    case 13:t='D';break;
    case 14:t='E';break;
    case 15:t='F';break;}
  return(t);/*将转换后的字符返回,以备进栈*/

}
void main()
{ int m,n,x,t,r;
    char y;
    while(1) {/*可循环输入待转换数*/
      printf("please input the operation:\n");     /*1为继续,0为退出*/
      printf("1 is continue\t0 is exit\n");
      scanf("%d",&t);
      if(t! =1&&t! =0)/*如果输入的数非0,1,则提示重新输入*/
        continue;
      else
        if(t==0)   break;
        else {
          printf("please input m:");
          scanf("%d",&m);  /*输入待转换的十进制数*/
          printf("please input n,\n");
          printf("n is 2,8 or 16:");
          scanf("%d",&n);  /*输入要转换成的进制*/
          x=m%n;  /*取第一次相除所得的余数*/
```

```
        r=m/n;
        while(r) {    /*如果商不为 0,则继续取余求商 */
          y=fun(x);
          push(y);   /*将字符型的余数进栈 */
          x=r%n;
          r=r/n;}
        y=fun(x);
        push(y);   /*将最后一次字符型余数进栈 */
        printf("the result is:\n");
        while(empty())   /*若栈不空,顺序输出出栈的结果 */
          printf("%c",pop());
      }
    }
}
```

【测试数据与结果】

```
please input the operation
1 is continue   0 is exit
1
please input m:100
please input n,
n is 2,8 or 16:2   /*将100转换成二进制数 */
the result is:
1100100      /*100转换二进制的结果 */
please input the operation
1 is continue   0 is exit
1
please input m:100
please input n,
n is 2,8 or 16:8   /*将100转换成8进制数 */
the result is:
144           /*100转换8进制的结果 */
please input the operation
1 is continue   0 is exit
1
please input m:100
please input n,
n is 2,8 or 16:16   /*将100转换成16进制数 */
the result is:
64            /*100转换成16进制的结果 */
please input the operation
1 is continue   0 is exit
0
```

【实例2】 括号匹配问题

【实例描述】

假设一个算术表达式中可以包含 3 种括号:圆括号"("和")",方括号"["和"]"和花括号"{"和"}",且这 3 种括号可按任意的次序嵌套使用(如:…[…{…}…]…[…]…]…[…]…(…)…)。设计一个程序,判别给定表达式中所含括号是否配对。该程序包括以下各项功能:

(1) 将算术表达式保存在带头结点的单链表或数组中。

(2) 在(1)中建立的单链表或数组上实现括号匹配问题的求解。

【实例分析】

判断表达式中括号是否匹配,可通过栈来实现,简单说是当读入的字符为左括号时进栈,为右括号时退栈。退栈时,若栈顶元素是其对应的左括号,则新读入的右括号与栈顶左括号就可消去,栈顶元素出栈;若不是其对应的左括号,则说明括号不匹配,算法结束。如此下去,当输入表达式结束时,若栈为空,则说明表达式括号匹配,否则说明表达式括号不匹配。

另外,由于本题是对表达式的括号匹配问题进行检查,所以对于表达式中输入的不是括号的字符一律不进行处理。

【参考程序】

```c
#include    "stdio. h"
typedef struct node
{char ch;
 struct node   * next;
}Lnode, * LinkList;   /* 类型描述 */
LinkList   create(void)    /* 生成单链表并返回 */
{char   ch1;
LinkList   head, tail, new;
head=(LinkList)malloc(sizeof(Lnode));
head->next=NULL;tail=head;
printf("\n 请输入表达式并且以 '#' 作为结束符:\n");
scanf("%c",&ch1);
 while(ch1! ='#')
  {new=(LinkList)malloc(sizeof(Lnode));
   new->ch=ch1;
   tail->next=new;
   tail=new;
   scanf("%c",&ch1);
  }
 tail->next=NULL;
 return    head;
}
int Match(LinkList la){
/* 表达式存储在以 la 为头结点的单循环链表中,本算法判断括号是否配对 */
char s[30];              /* s 为字符栈,容量足够大 */
```

```
int top=0;
LinkList  p;
p=la->next;            /*p为工作指针,指向待处理结点*/
while (p! =NULL)
 {switch (p->ch)
  {case '(':s[++top]=p->ch; break;
   case ')':if(top==0||s[top]! ='(')
           {printf("\n(no)括号不配对\n"); return(0);}
          else top--;break;
   case '[': s[++top]=p->ch; break;
   case ']': if(top==0||s[top]! ='[')
           {printf("\n(no)括号不配对\n"); return(0);}
          else top--;break;
   case '{': s[++top]=p->ch; break;
   case '}': if(top==0||s[top]! ='{')
           {printf("\n(no)括号不配对\n"); return(0);}
          else top--;break;
   }
  p=p->next; /*后移指针*/
  }/*while*/
if(top==0) {printf("\n(yes)括号配对\n"); return(1);}
else{printf("\n(no)括号不配对\n"); return(0);}
}/*算法 match 结束*/
main()
{
LinkList head;
clrscr();
head=create();
Match(head);
getchar();
}
```

【测试数据与结果】

请输入表达式并且以'#'作为结束符:

*3 * {2+8 * 5-(2-1) * 7+9}-12 #*

(yes)括号配对

请输入表达式并且以'#'作为结束符:

*3+2) * 6+7)-6 * 6-(9+6){-9+5#*

(no)括号不配对

复习思考题

一、选择题

1. 栈结构通常采用的两种存储结构是(　　)。
   A. 顺序存储结构和链表存储结构　　　B. 散列方式和索引方式
   C. 链表存储结构和数组　　　　　　　D. 线性存储结构和非线性存储结构

2. 一个栈的入栈序列是 1,2,3,4,5,则栈的输出序列不可能是(　　)。
   A. 54321　　　　B. 45321　　　　C. 43512　　　　D. 12345

3. 若已知一个栈的入栈序列是 1,2,3,…,n,其输出序列为 $p_1,p_2,p_3,…,p_n$,若 $p_1=n$,则 pi 为(　　)。
   A. i　　　　　　B. $n=i$　　　　C. $n-i+1$　　　D. 不确定

4. 判定一个栈 ST(最多元素为 m_0)为空的条件是(　　)。
   A. $ST->top! =0$　　　　　　　　B. $ST->top==0$
   C. $ST->top! =m_0$　　　　　　　D. $ST->top=m_0$

5. 判定一个栈 ST(最多元素为 m_0)为栈满的条件是(　　)。
   A. $ST->top! =0$　　　　　　　　B. $ST->top==0$
   C. $ST->top! =m_0$　　　　　　　D. $ST->top=m_0$

6. 一个队列的入列序列是 a,b,c,d,则队列的输出序列是(　　)。
   A. d,c,b,a　　　B. a,b,c,d　　　C. a,d,b,c　　　D. c,d,b,a

7. 循环队列用数组 A[0,$m-1$]存放其元素值,已知其头尾指针分别是 front 和 rear 则当前队列中的元素个数是(　　)。
   A. (rear-front+m)%m　　　　　B. rear-front+1
   C. rear-front-1　　　　　　　　D. rear-front

8. 栈和队列的共同点是(　　)。
   A. 都是先进后出
   B. 都是先进先出
   C. 只允许在端点处插入和删除元素　D. 没有共同点

9. 表达式 $a*(b+c)-d$ 的后缀表达式是(　　)。
   A. $abcd*+-$　　B. $abc+*d-$　　C. $abc*+d-$　　　D. $-+*abcd$

10. 以数组 $Q[0…m-1]$存放循环队列中的元素,变量 rear 和 qulen 分别指示循环队列中队尾元素的实际位置和当前队列中元素的个数,队列第一个元素的实际位置是(　　)。
    A. rear-qulen　　　　　　　　　B. rear-qulen+m
    C. m-qulen　　　　　　　　　　D. 1+(rear+m-qulen)% m

11. 向一个栈顶指针为 HS 的链栈中插入一个 s 所指结点时,则执行(　　)。
    A. HS->next=s
    B. s->next=HS->next;HS->next=s
    C. s->next=HS;HS=s
    D. s->next=HS;HS=HS->next

12. 从一个栈顶指针为 HS 的链栈中删除一个结点时,用 x 保存被删结点的值,则执行( )。

    A. x=HS;HS=HS->next   B. x=HS->data

    C. HS=HS->next;x=HS->data   D. x=HS->data;HS=HS->next

13. 在一个链队中,假设 f 和 r 分别为队首和队尾指针,则插入 s 所指结点的运算时( )。

    A. f->next=s;f=s   B. r->next=s;r=s

    C. s->next=r;r=s   D. s->next=f;f=s

14. 在一个链队中,假设 f 和 r 分别为队首和队尾指针,则删除一个结点的运算时( )。

    A. r=f->next   B. r=r->next

    C. f=f->next   D. f=r->next

15. 判定一个队列 LU(最多元素 m_0)为空的条件是( )。

    A. LU->rear-LU->front==m_0

    B. LU->rear-LU->front-1==m_0

    C. LU->front==LU->rear

    D. LU->front==LU->rear+1

16. 判定一个队列 LU(最多元素 m_0)为满队列的条件是( )。

    A. LU->rear-LU->front==m_0

    B. LU->rear-LU->front-1==m_0

    C. LU->front==LU->rear

    D. LU->front=LU->rear+1

17. 判定一个循环队列 LU(最多元素为 m_0)为空的条件是( )。

    A. LU->front==LU->rear

    B. LU->front! =LU->rear

    C. LU->front=(LU->rear+1)%m_0

    D. LU->front! =(LU->rear+1)%m_0

18. 判定一个循环队列 LU(最多元素 m_0)为满队列的条件是( )。

    A. LU->front==LU->rear

    B. LU->front! =LU->rear

    C. LU->front==(LU->rear+1)%m_0

    D. LU->front! =(LU->rear+1)%m_0

三、填空题

1. 栈的特点是_____,队列的特点是_____。

2. 线性表、栈和队列都是_____结构,可以在线性表的_____位置插入和删除元素,对于栈只能在_____插入和删除元素,对于队列只能在_____插入元素和在_____删除元素。

3. 一个栈的输入序列是 abcd,则栈的输出序列 abcd 是_____。

4. 在具有 n 个单元的循环队列(共有 MaxSize 个单元)中,队满时共有_____个元素。

四、判断题

1. 顺序队列的队满判定条件为 rear＝maxsize。 （ ）
2. 队列是限制在两端进行操作的线性表。 （ ）
3. 在链队做出队操作时，会改变 front 指针的值。 （ ）
4. 判断顺序栈满的条件是 S—＞top＝＝MaxSize—1。 （ ）

五、简答题

什么是队列的上溢现象？什么是假溢出现象？有哪些解决方法？

六、算法设计

1. 在栈顶指针为 HS 的链栈中，编写算法计算该链栈中结点个数。
2. 在 *HQ* 的链队中，编写算法求链队中结点个数。
3. 编写算法，利用队列的基本运算返回指定队列中的最后一个元素。

七、编程练习

1. 利用栈求解算术表达式的值。
2. 模拟停车场管理的问题。

设停车场只有一个可停放几辆汽车的狭长通道，且只有一个大门可供汽车进出，汽车在停车场内按车辆到达的先后顺序依次排列，若车场内已经停满几辆汽车，则后来的汽车只能在门外的便道上等候，一旦停车场内有车开走，则排在便道上的第一辆车即可进入；当停车场内某辆车要离开时，由于停车场是狭长的通道，在它之后开入的车辆必须先退出停车场为它让路，待该辆车开出大门后，为它让路的车辆再按原次序进入车场。在这里假设汽车不能从便道上开走。试设计一个停车场管理程序。

第 5 章

串

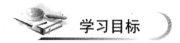 **学习目标**

串又称为字符串,是一种特殊的线性表。在非数值处理(如在信息检索、文本编辑、机器翻译等)中有着广泛的应用,通过本章的学习掌握串的有关概念、存储结构以及一些基本运算的方法。

 学习要求

➢ 了解:串操作的应用方法和特点。

➢ 掌握:串的基本概念及基本操作。

➢ 掌握:串的顺序存储结构。

本章主要讲述了串的基本概念和基本操作,以及串操作的应用方法和特点,通过本章的学习,可以掌握串的顺序存储结构,并能利用基本操作来实现串的其他各种操作。

5.1 串的定义及其基本运算

5.1.1 串的定义

1. 串的概念

串(string)是由零个或多个字符组成的有限序列,一般记作:

$$s="a_1a_2\cdots a_n"(n\geqslant 0)$$

其中 s 为串的名字,用双引号括起来的字符序列为串的值;$a_i(1\leqslant i\leqslant n)$ 可以是字母、数字或其他字符(取决于程序设计语言所使用的字符集);n 为串中字符的个数,称为串的长度。

2. 常用术语

(1) 空串:不含任何字符的串称为空串,即串的长度 $n=0$。

(2) 空格串:由一个或多个空格组成的串,称为空格串,它的长度是串中空格字符的个数。注意与空串的区别。

(3) 串相等:是指两个串的长度相等且对应的字符都相等。

(4) 模式匹配:确定子串在主串中首次出现的位置的运算。

（5）子串：串中任意个连续的字符组成的子序列称为该串的子串。

（6）主串：包含子串的串称为该子串的主串。

例如：串 s_1＝"abcde"，s_2＝"fabcdefgh"，则 s_1 为 s_2 的子串，s_2 相对于 s_1 为主串。

另外，空串是任意串的子串，任意串是自身的子串。通常称字符在序列中的序号为该字符在串中的位置，子串在主串的位置则以子串的第一个字符在主串中的位置来表示。如上例中串 s_1 在串 s_2 中位置是 2。

5.1.2　串的基本运算

串的运算有很多，下面主要介绍以下几种：

1. 串复制 StrCopy(S,T)

初始条件：串 T 存在。

操作结果：将串 T 的值赋给串 S。

2. 串连接 StrCat(S,T)

初始条件：串 S、T 存在。

操作结果：表示将串 S 和串 T 连接起来，使串 T 接入串 S 的后面。

3. 求串长度 StrLen(T)

初始条件：串 T 存在。

操作结果：求串 T 的长度。

4. 子串 StrSub(S,i,j,T)

初始条件：串 S 存在。

操作结果：表示截取串 S 中从第 i 个字符开始连续 j 个字符，作为串 S 的一个子串，存入串 T。

5. 串比较 StrCmp(S,T)

初始条件：串 S、T 存在。

操作结果：比较串 S 和串 T 的大小，若 $S<T$，函数返回值为负；若 $S=T$，函数返回值为零；若 $S>T$，函数返回值为正。

6. 串插入 StrIns(S,i,T)

初始条件：串 S、T 存在。

操作结果：在串 S 的第 i 个位置前插入串 T。

7. 串删除 StrDel(S,i,j)

初始条件：串 S 存在。

操作结果：删除串 S 中从第 i 个字符开始连续 j 个字符。

8. 求子串位置 Index(S,T)

初始条件：串 S、T 存在，T 是非常串。

操作结果：求子串 T 在主串 S 中首次出现的位置，若串 T 不是串 S 的子串，则位置为零。

9. 串替换 Replace(S,i,j,T)

初始条件：串 S、T 存在。

操作结果：将串 S 中从第 i 个位置开始连续 j 个字符，用串 T 替换。

5.2　串的存储结构

5.2.1　串的定长顺序存储

与第 2 章介绍的线性表类似,可以用一组地址连续的存储单元依次存放串的各个字符,这是串的顺序存储结构,也称为顺序串,由于串中元素全部为字符,故存放形式与顺序表有所区别。

1. 定长存储的描述

在串的定长顺序存储结构中,按照预定义的大小,为每个定义的串变量分配一个固定长度的存储区,为了讨论方便,描述串的定长顺序存储结构如下:

```
#define MaxSize 255 / * 用户可在 255 以内定义最大串长 * /
typedefstruct{
    char data[MaxSize]; / * 存储串的最大长度为 MaxeSize * /
    int len;
    }SString
```

按照这种方法描述的字符串与 C 语言中字符串处理方法类似,串值存储在一维数组 ch 中,并由下标为 0 的分量开始存放,字符以空字符“\0”作为结尾标志,字符串长度限制为 MaxSize。

串的实际长度可在这个预定义长度的范围内随意设定,超过预定义长度的串值则被舍去,称之为“截断”。

2. 存储方式

计算机的编址方式有两种:

(1) 按字节编址(以字节为存取单位):以字节为单位编址,一个存储单元刚好存放一个字符,串中相邻的字符顺序存储在地址相邻的存储单元中。

(2) 按字编址(以字为存取单位):一个存储单元可以由 4 个字节组成,此时顺序存储结构又分紧凑存储和非紧凑存储两种存储方式。

1) 串的非紧缩存储:指一个存储单元中只存储一个字符,和顺序表中一个元素占用一个存储单元类似。具体形式如图 5-1 所示,设串 S=“How are you”。

2) 串的紧凑存储:指在一个存储单元中存放多个字符。假设一个字存储单元可以存储 4 个字符,则使用紧凑存储形式存储串 S=“How Are you”,如图 5-2 所示。

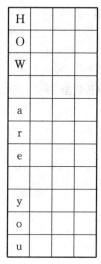

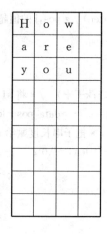

图 5-1　非紧凑格式　　　　　　　图 5-2　紧凑格式

从上面介绍的两种存储方式可知,紧凑存储能够节省大量存储单元,但对串的单个字符操作很不方便,需要花费较多时间分离同一个字中的字符,运算效率较低。而非紧凑存储的特点刚好相反,操作方便,但占用的存储单元较多。

3. 定长字符串操作的实现

（1）串联结 Contcat($\&T, S_1, S_2$),把两个串连接成一个串。

【算法 5.1】

```
Status Concat(SString S₁, SString S₂, SString &T) {
/* 用 T 返回由 S₁ 和 S₂ 连接而成的新串。*/
    int i;
    if (s₁−>len+s₂−>len>MaxSize)/* 若两串长度之和大于 MaxSize,则进行溢出处理 */
    return 0;
    else
    {
        for (i=0;i<s₁−>len;i++)/* 将 s₁ 串复制给 T */
        T−>data[i]=s₁−>data[i];
        for (i=0;i<s₂−>len;i++)/* 将 s₂ 串复制给 T */
        T−>data[s1−>len+i]=s₂−>data[i];
        T−>data[r1−>len+i]='\0';
        T−>len=s₁−>len+s₂−>len;/* 串 T 的长度是两串长度之和 */
        return 1;
    }
} /* Concat
```

（2）求子串 SubString($\&$Sub, S, pos, len)

【算法 5.2】

```
Status SubString(SString &S1, SString &S, int pos,intj) {
/* 用 S 返回串 S₁ 的第 pos 个字符起长度为 j 的子串。*/
    int k;
```

```
    if (pos+j>s₁ ->len) / * pos,j 的值超出允许的范围 * /
       return 0；
    else
       {
          for (k=0;k<j;k++)   / * 将 s1 中指定的子串传送给 s * /
          s->data[k]=s₁->data[pos+k]；
          s->len=j；/ * 把子串长度赋给 s 的长度域 * /
          s->data[s->len]='\0'；
          return 1
       }
  } / * SubString
```

5.2.2　串的链式存储结构

1. 链串的定义

串是一种特殊的线性表,和线性表相似,也可以用链表来存储串。串的这种链式存储结构简称为链串。用链表存储字符串,每个结点需要两个域,即数据域(Data)和指针域(Next),数据域存放串中的字符,指针域存放后继结点的地址。链串的存储方式如下。

(1) 结点大小为 1 的链式存储。和第二章介绍的单链表一样,每个结点为一个字符,链表也可以带头结点。S="ABCDEFGHI"的存储结构形式如图 5 - 3 所示。

图 5 - 3　结点大小为 1 的链式存储

(2) 结点大小为 K 的链式存储。为了提高存储空间的利用率,有人提出了大结点的结构。所谓大结点,就是一个结点的值域存放多个字符,以减少链表中的结点数量,从而提高空间的利用率。假设一个字中可以存储 K 个字符,则一个结点有 K 个数据域和一个指针域。如果最后一个结点中数据域少于 K 个,那么必须在串的末尾加一个串的结束标志。例如假设 $K=4$,并且链表带头结点,串 S="ABCDEFGHI"的存储结构形式图 5 - 4 所示。

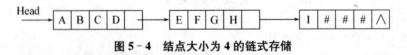

图 5 - 4　结点大小为 4 的链式存储

2. 链串的结构类型定义

```
typedef struct node{
        char data；
        struct node * next；
       }LinkStrNode；  / *结点类型 * /
    typedef LinkStrNode * LinkString；/ * LinkString 为链串类型 * /
    LinkString S；/ *S 是链串的头指针 * /
```

注意：
① 链串和单链表的差异仅在于其结点数据域为单个字符；
② 一个链串由头指针唯一确定。

5.3 串的匹配算法

5.3.1 匹配算法

串的模式匹配指的是字符串的子串的定位操作。设 S 和 T 是给定的两个串，在主串 S 中找到等于 T 子串的过程称为模式匹配。如果在 S 中找到等于 T 的子串，则称为匹配成功，函数返回 T 在 S 中的首次出现的存储位置（或序号），否则匹配失败，返回 -1。其中被匹配的主串 S 称为目标串，匹配的子串 T 称为模式。本节只介绍一种最简单的模式匹配算法。

（1）算法思想：从主串 S 的第 1 个字符起和模式的第一个字符比较，如果相同则继续比较后续字符，否则从主串的下一个字符起再重新和模式的字符比较。

（2）模式匹配的例子。主串 S＝"BABACBACBCABA"，模式 T＝"BACBC"，匹配过程如图 5-5 所示：

$\downarrow i=3$

第 1 趟　B A B A C B A C B C A B A
　　　　B A C
　　　　　$\uparrow j=3$

$\downarrow i=2$

第 2 趟　B A B A C B A C B C A B A
　　　　B
　　　$\uparrow j=1$

$\downarrow i=7$

第 3 趟　B A B A C B A C B C A B A
　　　　B A C B C
　　　　　　$\uparrow j=5$

$\downarrow i=4$

第 4 趟　B A B A C B A C B C A B A
　　　　B
　　　$\uparrow j=1$

$$\downarrow i=5$$

第5趟　　B A B A C B A C B C A B A
　　　　　　B
　　　　　　$\uparrow j=1$

$$\downarrow i=11$$

第6趟　　B A B A C B A C B C A B A
　　　　　　　　　　　B A C B C
　　　　　　　　　　　　　$\uparrow j=6$

图 5‑5　模式匹配

（3）算法描述。当采用定长顺序存储结构时,实现此操作的算法如下:

【算法 5.3】

```
int Index(SString  * S, SString  * T) {
int I,j,k
for (i=0;s->data[i];i++)
  for (j=I,k=0;r->data[j]==t->data[k];j++,k++)
    if (! t->data[k+1])
    return I;
    return -1}
} / * Index
```

匹配位置:i-j+1=11-6+1=6

5.3.2　算法分析

该算法的基础是基于字符串的比较:从主串给定位置的字符和子串的首字符开始比较,若相同则指针分别后移,继续比较下一个字符,否则从子串的下一个字符重新开始比较,以字符比较作为主要操作,设主串 S 和子串 T 的长分别为 m、n,匹配成功的情况下,有两种情况:

在最好的情况下,每次不成功的匹配都发生在第一对字符比较时,设匹配成功发生在 S_i 处,则字符比较次数在前面 $i-1$ 次匹配中共比较了 $i-1$ 次,第 i 次成功的匹配共比较了 m 次,所以总共比较了 $i-1+m$ 次,所有匹配成功的可能共有 $n-m+1$ 种,设从 s_i 开始与 T 串匹配成功的概率为 p_i,在等概率情况下 $p_i=1/(n-m+1)$,因此最好的情况下平均比较的次数是:

$$\sum_{i=1}^{n-m+1} pi \times (i-1+m) = \sum_{i=1}^{n-m+1} \frac{1}{n-m+1} \times (i-1+m) = \frac{(n+m)}{2}$$

即最好的情况下的时间复杂度是 $O(n+m)$。

在最坏的情况下,每次不成功的匹配都发生在 T 的最后一个字符:设匹配成功发生在 s_i 处,则在前面 $i-1$ 次匹配中共比较了 $(i-1)*m$ 次,第 i 次成功的匹配共比较了 m 次,所

以总共比较了 $i*m$ 次,因此最坏的情况下平均比较的次数是:

$$\sum_{i=1}^{n-m+1} pi \times (i \times m) = \sum_{i=1}^{n-m+1} \frac{1}{n-m+1} \times (i \times m) = \frac{m(n-m+2)}{2}$$

因为 $n \gg m$,所以在最坏情况下,算法的时间复杂度 $O(m*n)$ 次。

5.4　串的应用——文本加密

一个文本串可用事先给定的密码对照表进行加密。可以将输入的文本串进行加密并输出;将输入的已加密的文本串进行解密并输出。

(1) 设置密码对照表。例如,设字母映射表为:

a b c d e f g h i j k l m n o p q r s t u v w x y z

h j m q z t c o w b u n e s l k g p x d a v f y i r

(2) 输入以回车作为结束符的一文本串,进行加密。

(3) 输入以回车作为结束符的一文本串,进行解密。

具体实现方法如下:

```
# include "stdio. h"
# include "string. h"
typedef  char String[27];/ * 定义串类型 * /
int StringMatch(String, char);
void Encrypts(String, String, char * );
void Deciphers(String, String,char * );
# define  Max  100
/ * 以下两句设置加密及解密映射表 * /
String  Original="abcdefghijklmnopqrstuvwxyz";
String  Cipher="hjmqztcowbuneslkgpxdavfyir";
void  main()
   {
    char  In[Max];
    printf("\nInput a String(len<%d): ",Max);
    scanf("%s", &In);
    Encrypts(Original, Cipher, In);
    printf("\nInput a encrypted string (len<%d):",Max);
    scanf("%s",&In);
    Deciphers(Original, Cipher,In);
   }
int  StringMatch(String  Str,char c)
{/ * 串匹配(子串只有一个字符) * /
    int i;
    for (i=0; i< strlen(Str); i++)
    {if (c==Str[i]) return i;}/ * 匹配成功,返回位置 * /
```

```
        return −1;/*映射表中没有相应字符*/
}
void   Encrypts(String Original，String Cipher，char * str)/*加密*/
{    int i,m;
     printf("\n");
     for (i=0；i< strlen(str)；i++)
       {
            m=StringMatch(Original，str[i]);
            if(m! =−1)str[i]=Cipher[m];
       }
     printf("After encryption string of character：%s",str);
}
void Deciphers(String Original，String Cipher，char * str)/*解密*/
     {int i, m ;
       printf("\n");
       for (i=0；i< strlen(str)；i++)
       {
         m=StringMatch(Cipher,str[i]);
         if(m! =−1)str[i]=Original[m];
       }
       printf("After decipher string of character：%s",str);
}
```

5.5　实训案例与分析

【实例 1】　串的存储与基本运算

【实例分析】

在本实例中练习计算字符串的长度、字符串的复制、字符串的比较、字符串的连接、字符串的插入等基本操作。在设计时：

（1）编写一个菜单函数,根据不同情况做(1—5)不同选择。

（2）如果选择 1,即要求计算输入字符串的长度。

（3）如果选择 2,完成字符串的复制。

（4）如果选择 3,完成字符串的比较。

（5）如果选择 4,完成两个字符串的连接。

（6）如果选择 5,字符串的插入。

【参考程序】

```
# include   <stdio. h>
# define   MAX   128
typedef  enum  {fail,success}  status;
typedef  enum  {false,true}  boolean;
```

```
main()
{  int strlen();
void      strass();
boolean   strcmp();
status    strcat();
status    strins();
int       t,n,i;
boolean   b;
status    st;
char      S[MAX],S₁[MAX],S₂[MAX];
printf("\n1. The length of   string\n");
printf("  2. The assignment  of string\n");
printf("  3. A  string compare  with  another  string:\n");
printf("  4. A  string  connect  with  another  string:\n");
printf(" 5. A   string  to be inserted  into  another  string\n");
printf("  Please   input   a operation:");/ * 输入操作选项 * /
scanf("%d",&t);
switch(t)
{
  case  1:
printf("please   input a   string:\n");
getchar();
gets(s);
n=strlen(s);
printf("the   length is: %d",n);
break;
case  2:
printf("please input the first string:\n");
getchar();
gets(s1);
printf("please input the second string:\n");
getchar();
gets(S₂);
strass(S₁,S₂);
break;
case  3:
printf("please input the first string:\n");
getchar();
gets(S₁);
printf("please input the second string:\n");
gets(S₂);
b=strcmp(S₁,S₂);
if (b==true)
```

```
        printf("equal\n");
        else
        printf("not   equal\n");
        break;
        case  4:
        printf("please input the first string:\n");
        getchar();
        gets(S₁);
        printf("please input the second string:\n");
        gets(S₂);
        st=strcat(S₁,S₂);
        if(st==success)
        printf("answer  is %s\n",s1);
        else
        printf("error! \n");
        break;
        case  5:
        printf("please input the first string:\n");
        getchar();
        gets(S₁);
        printf("please input the second   string:\n");
        gets(S₂);
        printf("please input i:");
        scanf("%d",&i);
        st=strins(S₁,i,S₂);
        if(st==success)
        printf("answer  is: %s\n",s1);
        else printf("error! \n");
        break;
        case 0:break;
        default:  printf("There  isn't   this operation!");
            }
        }
int   strlen(s) /*求字符串的长度子函数*/
char s[];
{  int i;
for(i=0;s[i]! ='\0';i++);
return (i);
}
void   strass(S₁,S₂)
char S₁[],S₂[];
{  int i=0;
while(S₁[i]! ='\0')
```

```
{   S₂[i]=s1[i];
i++;
}
s2[i]='\0';
printf("S₂ is   %s",S₂);
}
boolean   strcmp(S₁,S₂)/*字符串比较子函数*/
char S₁[],S₂[];
{   int i=0;
while (S₁[i]==S₂[i] &&   S₁[i]! ='\0'  &&   S₂[i]! ='\0')
i++;
if (S₁[i]=='\0'  &&   S₂[i]=='\0')
return   (true);
else
return   (false);
}
status strcat (S₁,S₂)/*字符串连接子函数*/
char S₁[],S₂[];
{   int i,j,k;
i=strlen(S₁);
j=strlen(S₂);
if((i+j)>=MAXN)
return(fail);
for(k=0;k<=j;k++)
S₁[i+k]=S₂[k];
return (success);
}
status strins (S₁,i,S₂)
char S₁[],S₂[];
int i;
  {   int m,n,k;
  m=strlen(S₁);
  n=strlen(S₂);
  if (i<0||i>m||(m+n)>MAXN)
  return (fail);
  for(k=m;k>=i;k--)
  S₁[k+n]=S₁[k];
  for(k=0;k<n;k++)
  S₁[i+k]=S₂[k];
  return (success);
  }
```

【测试数据与结果】

计算字符串的长度

1. The length of　string

2. The assignment　of string

3. A　string compare　with　another　string：

4. A　string　connect　with　another　string：

5. A　string　to be inserted　into　another　string

Please　input　a opertation：1

please　input a　string：

you are a boy!

the　length is：14

字符串的复制

1. The length of　string

2. The assignment　of string

3. A　string compare　with　another　string：

4. A　string　connect　with　another　string：

5. A　string　to be inserted　into　another　string

Please　input　a opertation：2

please input the first string：

you are a boy!

please input the second string：

i am a girl!

s2 is　you are a boy!

字符串的比较

1. The length of　string

2. The assignment　of string

3. A　string compare　with　another　string：

4. A　string　connect　with　another　string：

5. A　string　to be inserted　into　another　string

Please　input　a opertation：3

please input the first string：

you are a boy!

please input the　second string：

i am a girl!

not　equal

字符串的连接

1. The length of　string

2. The assignment　of string

3. A　string compare　with　another　string：

4. A string connect with another string:

5. A string to be inserted into another string

Please input a opertation:4

please input the first string:

you are a boy!

please input the second string:

i am a girl!

answer is: you are a boy! i am a girl!

字符串的插入

1. The length of string

2. The assignment of string

3. A string compare with another string:

4. A string connect with another string:

5. A string to be inserted into another string

Please input a opertation:5

please input the first string:

you are a boy!

please input the second string:

i am a girl!

please input i:2

answer is i am a girl! you are a boy!

复习思考题

一、选择题

1. 下列关于串的叙述中,正确的是( )。

　　A. 一个串的字符个数即该串的长度

　　B. 空串是由一个空格字符组成串

　　C. 一个串的长度至少是1

　　D. 两个串 S_1 和 S_2 若长度相同,则这两个串相等

2. 串是( )。

　　A. 不少于一个字母的序列　　　　　　B. 任意个字母的序列

　　C. 不少于一个字符的序列　　　　　　D. 有限个字符的序列

3. 以下说法正确的是( )。

　　A. 串是一种特殊的线性表　　　　　　B. 串的长度必须大于零

　　C. 串中的元素只能是字母　　　　　　D. 空串就是空白串

4. 设有两个串 S_1 和 S_2,求 S_2 在 S_1 中首次出现的位置的运算是( )。

　　A. 串链接　　　　　B. 求子串　　　　　C. 模式匹配　　　　　D. 串比较

5. 在实际应用中,要输入多个字符串,且长度无法预定,则应该采用( )存储比较合适。

    A. 链式   B. 顺序   C. 堆结构   D. 无法确定

6. 某串的长度小于一个常数,则采用( )存储方式最节省空间。

    A. 链式   B. 顺序   C. 堆结构   D. 无法确定

7. 若串 s="abcdefgh",其子串个数是( )

    A. 8   B. 37   C. 36   D. 9

二、填空题

1. 两个串相等的充分必要条件是_____。

2. 设目标 T="abccdcdccbaa",模式 P="cdcc",则第_____次匹配成功。

3. 设两个字符串分别为:S_1="good   ",S_2="morning",Contcat(S_1,S_2)的结果是_____。

4. 字符串的子串的定位操作称为串的模式匹配。_____称为目标串,_____称为模式。

5. 空格串是_____。

6. 组成串的数据元素只能是_____。

三、判断题

1. 串长度是指串中不同字符的个数。   ( )

2. 串是 n 个字母的有限序列(n>=0)。   ( )

3. 如果两个串含有相同的字符,则说它们相等。   ( )

4. 如果一个串中的所有字符均在另一串中出现,则说前者是后者的子串。 ( )

5. 空串与由空格组成的串没有区别。   ( )

四、算法设计题

1. 设计一个算法,统计在输入字符串中各个不同字符出现的频度。(字符串中的合法字符为 A~Z 这 26 个字母和 0~9 这 10 个数字)。

2. 分别在顺序存储和链接存储两种方式下,用 C 语言写出实现把串 S_1 复制到串 S_2 的串复制函数 strcpy(S_1,S_2)。

五、编程练习

1. 计算一个子串在一个字符串中出现的次数。

2. 统计文本文件中给定的单词数。

第6章

树

学习目标

树形结构是一类重要的非线性数据结构,树中结点之间具有明确的层次关系,在计算机应用领域,树结构应用广泛。通过本章的学习,应掌握树和二叉树的概念、存储结构及其遍历,以及哈夫曼树及哈夫曼编码的应用。

学习要求

了解:哈夫曼树的特点,构造哈夫曼树的方法,树的带权路径长度计算方法,哈夫曼编码的方法。

掌握:树的定义、表示方法、常用术语、基本性质;树和森林与二叉树的转换方法;二叉树的线索化过程以及在中序线索化树上找给定结点的前驱和后继的方法。

本章着重介绍了二叉树的概念、性质和存储表示,二叉树的遍历操作,线索二叉树的有关概念和运算。同时介绍了树、森林与二叉树之间的转换,树的存储表示法,树和森林的遍历方法。最后讨论了最优二叉树(哈夫曼树)的概念及其应用。

本章是本书的重点之一,建议读者熟悉树和二叉树的定义及有关术语,理解和掌握二叉树的性质;熟练掌握二叉树的顺序存储和链式存储结构。灵活运用各种次序的遍历算法,实现二叉树的其他运算,并能掌握树和二叉树之间的转换方法,存储树的双亲链表法、孩子链表表示法和孩子兄弟链表法。理解掌握树和森林的遍历和构造哈夫曼树的方法及哈夫曼编码。

6.1 树的定义和基本术语

6.1.1 树的定义

树(Tree)是 $n(n \geqslant 0)$ 个结点的有限集。在任意一棵非空树中,有且仅有一个特定的称为根(Root)的结点,当 $n > 1$ 时,其余结点分成 $m(m > 0)$ 个互不相交的有限集 $T_1, T_2, \cdots, T_m$,其中每一个集合本身又是一棵树,并且称为根的子树。

树的定义是一个递归的定义,即在定义中又用到了树的概念,这正好反映了树的固有特性。

不包括任何结点的树,称为空树。在树的树形图表示中,结点的值通常填在圆圈里,例如,在图 6-1 中,(a)是只有根结点的树,(b)是由 9 个结点的组成的树,树中结点 A 是根结点,它有两棵子树,分别以 B,C 为根,而以 B 为根的子树又可以分成两棵子树,以 C 为根的子树又可以分成 3 棵子树。

2. 树的表示

图 6-1(a)和(b)是树的结构表示法,这种表示方法直观、清晰,是最常用的一种表示方法。除此以外,还有几种描述树的方法。如图 6-1(b)的树用集合包含关系的文氏表示法如图 6-1(c)所示,用凹入法如图 6-1(d)所示。还可以用广义表表示为$(A(B(D(M),E),C(F,G,H)))$,也称为圆括号表示法。

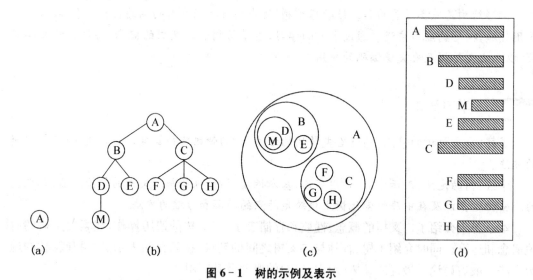

图 6-1　树的示例及表示

6.1.2　树的基本术语

1. 树的结点

数据元素的内容及指向其子树的分支统称为结点。

2. 结点的度

在树中,结点拥有子树的个数称为结点的度。例如,在图 6-1(b)中,结点 A,B,C 的度分别为 $2,2,3$。

3. 树的度

树的度是树内各结点的度的最大值。例如,在图 6-1(b)中,树的度为 3。

4. 叶子或终端结点

度为 0 的结点称为叶子或终端结点。例如,在图 6-1(b)中,结点 E,F,G,H,M 均为叶子。

5. 非终端结点或分支结点

度不为 0 的结点称为非终端结点或分支结点。除根结点之外,分支结点也称为内部结点。

6. 孩子、双亲、兄弟、祖先、子孙

结点的后继结点称为该结点的孩子,相应地,该结点称为孩子的双亲。同一个双亲的孩子之间互称兄弟。结点的祖先是从根到该结点所经分支上的所有结点。以某结点为根的子树中的任一结点都称为该结点的子孙。例如,在图 6-1(b)中,B,C 互为兄弟,它们都是 A 的孩子,而 A 是它们的双亲,M 结点的祖先是 A,B,D,B 的子孙为 D,M,E。

7. 结点的层次

结点的层次,从根开始定义起,根为第一层,根的孩子为第二层。其余结点的层次值为双亲结点层次值加 1,若某结点在第 i 层,则其子树的根就在第 $i+1$ 层。其双亲在同一层的结点互为堂兄弟。例如,在图 6-1(b)中,A,B,D,M 的层次值分别为 1,2,3,4。

8. 树的深度

树中结点的最大层次称为树的深度或高度。图 6-1(b)所示的树的深度为 4。

9. 有序树和无序树

如果将树中结点的各子树从左至右是有次序的(即不能互换),则称该树为有序树,否则称为无序树。在有序树中最左边的子树的根称为第一个孩子,最右边的称为最后一个孩子。

10. 森林

森林是 $m(m \geqslant 0)$ 棵互不相交的树的集合。对树中每个结点而言,其子树的集合即为森林。由此,也可以用森林和树相互递归的定义来描述树。

就逻辑结构而言,任何一棵树是一个二元组 Tree＝(root, F),其中,root 是数据元素,称作树的根结点;F 是 $m(m \geqslant 0)$ 棵树的森林,$F=(T_1, T_2, \cdots, T_m)$,其中 $T_i=(r_i, F_i)$,称作根 root 的第 i 棵子树;当 $m \neq 0$ 时,在树根和子树森林之间存在下列关系:

$$RF=\{<root, r_i> \mid i=1,2,\cdots,m, m>0\}$$

对树而言,删去其根结点,就得到一个森林。对森林而言,加上一个结点作为根,就变为一棵树。

综上所述,树形结构的逻辑特征可以描述为:树中的任一结点都可以有 0 个或多个后继(即孩子)结点,但至多只能有一个前驱(即双亲)结点。树中只有根结点无前驱,叶结点无后继。显然,树形结构是非线性结构。

6.2　二叉树

6.2.1　二叉树的定义

1. 二叉树

二叉树是另一种树型结构,是由 $n(n \geqslant 0)$ 个结点的有限集合。

(1) 当 $n＝0$ 时,称为空二叉树;

(2) 当 $n>0$ 时,有且仅有一个结点为二叉树的根,其余结点被分成两个互不相交的子集,一个作为左子集,另一个作为右子集,每个子集又是一个二叉树。

二叉树的特点是每个结点至多只有两棵子树(即二叉树中不存在度大于 2 的结点),并且,二叉树的子树有左右之分,其次序不能任意颠倒,即如果将其左、右子树颠倒,就成为另外一棵不同的二叉树。即使树中结点只有一棵子树,也要区分它是左子树还是右子树。因此二叉树具有五种基本形态,如图6-2所示。(a) 空二叉树;(b) 仅有根结点的二叉树;(c) 右子树为空的二叉树;(d) 左子树为空的二叉树;(e) 左、右子树均非空的二叉树。

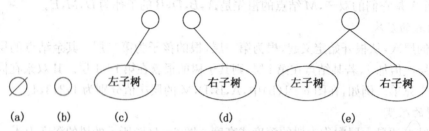

图6-2　二叉树的五种基本形态

2. 满二叉树

在一棵二叉树中,如果所有分支结点都同时具有左孩子和右孩子,并且所有叶子结点都在同一层上,即深度为 k 并且含有 2^k-1 个结点的二叉树称为满二叉树。这种树的特点是每层上的结点数是最大的结点数。如图6-3(a)是一棵满二叉树,图6-3(c)则不是满二叉树,因为,虽然其所有结点不是具有左右孩子的分支结点,就是叶子结点,但由于其叶子不在同一层上,故不是满二叉树。

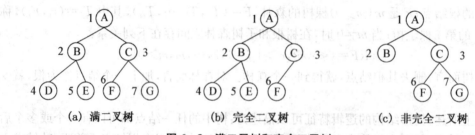

图6-3　满二叉树和完全二叉树

3. 完全二叉树

一棵深度为 k,有 n 个结点的二叉树,对树中的结点按从上至下、从左到右的顺序进行编号,如果编号为 $i(1 \leqslant i \leqslant n)$ 的结点与满二叉树中编号为 i 的结点在二叉树中的位置相同,则称这棵二叉树为完全二叉树。如图6-3(b)是一棵完全二叉树,图6-3(c)则不是。

完全二叉树的特点是叶子结点只能出现在最下层和次下层,且最下层的叶子结点集中在树的左部。显然,一棵满二叉树必定是一棵完全二叉树,而完全二叉树未必是满二叉树。在满二叉树的最下层上,从最右边开始连续删除若干结点后得到的二叉树仍然是一棵完全二叉树。

6.2.2　二叉树的性质

性质1　非空二叉树的第 $i(i \geqslant 1)$ 层上至多有 2^{i-1} 个结点。

证明:二叉树的第1层只有一个根结点,所以,$i=1$ 时,即 2^0 个;显然第2层上最多有2

个结点,即 2^1 个……假设对所有的 $j,1 \leqslant j < i$ 成立,即第 j 层上最多有 2^{j-1} 个结点成立。若 $j = i-1$,则第 j 层上最多有 $2^{j-1} = 2^{i-2}$ 个结点。由于在二叉树中,每个结点的度最大为 2,所以可以推导出第 i 层最多的结点个数就是第 $i-1$ 层最多结点个数的 2 倍,即 $2^{i-2} * 2 = 2^{i-1}$。

性质 2 一棵深度为 k 的二叉树中,最多具有 $2^k - 1$ 个结点。

证明:设第 i 层的结点数为 $x_i (1 \leqslant i \leqslant k)$,$x_i$ 最多为 2^{i-1},则深度为 k 二叉树的结点总数最多有:

$$\sum_{i=1}^{k} 1^{i-1} = 2^k - 1$$

性质 3 对任意非空的二叉树,如果叶子结点数为 n_0,度为 1 的结点数为 n_1,度数为 2 的结点数为 n_2,则 $n_0 = n_2 + 1$。

证明:设 n 为二叉树的结点总数,则有:

$$n = n_0 + n_1 + n_2 \tag{6-1}$$

在二叉树中,除根结点外,其余结点都有唯一的一个分支进入。设 B 为二叉树中的分支总数,则有:

$$B = n - 1 \tag{6-2}$$

这些分支是由度为 1 和度为 2 的结点发出的,一个度为 1 的结点发出一个分支,一个度为 2 的结点发出两个分支,则有:

$$B = n_1 + 2n_2 \tag{6-3}$$

综合(6-1)、(6-2)、(6-3)式可以得到:

$$n_0 = n_2 + 1$$

性质 4 具有 n 个结点的完全二叉树的深度为 $\lfloor \log_2 n \rfloor + 1$。(其中 $\lfloor x \rfloor$ 表示不大于 x 的最大整数)

证明:设所求的完全二叉树的深度为 k,由完全二叉树的定义可知,它的前 $k-1$ 层是深度为 $k-1$ 的满二叉树,一共有 $2^{k-1} - 1$ 个结点。由于完全二叉树的深度为 k,故第 k 层上至少要有一个结点,因此,该完全二叉树的结点个数 $n > 2^{k-1} - 1$。另一方面,由性质 2 可知,$n \leqslant 2^k - 1$,即:

$$2^{k-1} - 1 < n \leqslant 2^k - 1$$

由此可以推出 $\qquad\qquad 2^{k-1} \leqslant n < 2^k$

对不等式取对数,有

$$k - 1 \leqslant \log_2 n < k$$

由于 k 是整数,所以有 $k = \lfloor \log_2 n \rfloor + 1$。

性质 5 对于具有 n 个结点的完全二叉树,如果按照从上至下和从左到右的顺序对二叉树中的所有结点从 1 开始顺序编号,则对于任意的序号为 $i (1 \leqslant i \leqslant n)$ 的结点,有:

(1) 如果 $i = 1$,则序号为 i 的结点是根结点,无双亲结点。

(2) 如果 $i > 1$,则序号为 i 的结点的双亲结点的序号为 $\lfloor i/2 \rfloor$。

(3) 如果 $2i \leqslant n$,则序号为 i 的结点的左孩子结点的序号为 $2i$,否则该结点无左孩子(为叶结点)。

(4) 如果 $2i + 1 \leqslant n$,则序号为 i 的结点的右孩子结点的序号为 $2i + 1$,否则该结点无右孩子。

6.2.3 二叉树的存储结构

二叉树可以采用顺序存储结构和链式存储结构进行存储。

1. 顺序存储结构

所谓二叉树的顺序存储,就是用一组连续的存储单元存放二叉树中的结点元素。一般是按照二叉树结点从上至下、从左到右的顺序存储。因此,依据二叉树的性质,完全二叉树和满二叉树采用顺序存储比较合适,这样既能够最大可能地节省存储空间,又可以利用数组元素的下标值确定结点在二叉树中的位置,以及结点之间的关系。例如,图 6 - 3(a)所示的满二叉树的顺序存储如图 6 - 4 所示。从图 6 - 4 可以发现结点的编号恰好与数组元素的下标相对应。如果满二叉树存放在一维数组 t 中,可以方便地由某结点 $t[i]$ 的下标 i 找到它们的双亲结点 $t[i/2]$,或左、右孩子结点 $t[2i]$、$t[2i+1]$。

1	2	3	4	5	6	7
A	B	C	D	E	F	G

图 6 - 4　二叉树的顺序存储示意图

由于在顺序存储结构中是以结点在数组中的相对位置表示结点之间的关系,所以对于一般的二叉树,如果仍按从上到下、从左到右的顺序将树中的结点顺序存储在一维数组中,则数组元素下标之间的关系不能够反映二叉树中结点之间的逻辑关系,只有添加一些并不存在的空结点,使之成为一棵完全二叉树的形式,然后再用一维数组顺序存储。如图 6 - 5 给出了一棵由一般二叉树改造成的完全二叉树形态及其顺序存储状态示意图。显然,这种存储会造成空间的大量浪费,不宜用顺序存储结构。最坏的情况是单支树,一棵深度为 k 的左单支树,只有 k 个结点,却需分配 2^k-1 个存储单元。

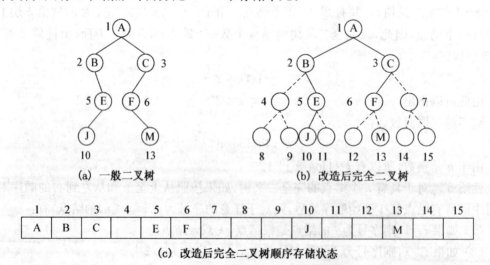

(a) 一般二叉树　　　　　　(b) 改造后完全二叉树

1	2	3	4	5	6	7	8	9	10	11	12	13	14	15
A	B	C		E	F				J			M		

(c) 改造后完全二叉树顺序存储状态

图 6 - 5　一般二叉树及其顺序存储示意图

2. 链式存储结构

从上面的介绍可知,由于用顺序方式存储一般二叉树将浪费存储空间,并且若在树中需要经常插入和删除结点时,要大量地移动结点,因此,一般二叉树较少采用顺序存储方式,最常用的方法是链式存储。

二叉树的链式存储结构是指用一个链表来存储一棵二叉树,通常有下面两种形式。

二叉链表中每个结点由一个数据域,两个指针域组成,一个指针指向左孩子,另一个指向右孩子。结点的存储结构如图6-6所示。

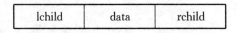

| lchild | data | rchild |

图6-6 结点结构示意图

其中,data 域存放某结点的数据信息,lchild 与 rchild 分别存放左孩子和右孩子的指针。当左孩子或右孩子不存在时,相应指针域值为空(用符号∧或 NULL 表示)。

二叉树的二叉链表存储表示可描述为:

```
typedefchar    ElemType;
typedef struct   BTNode{
        ElemType    data;
        struct   BTNode * lchild, * rchild;/* 左右孩子指针 */
}BTNode;
```

图 6-7(b)给出了图 6-7(a)所示二叉树的二叉链表表示。显然,一个二叉链表由头指针唯一确定。二叉链表的头指针指向二叉树的根结点,若二叉树为空,则 $bt=$NULL。

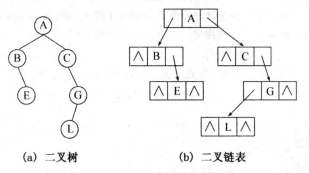

(a) 二叉树　　　　　　(b) 二叉链表

图6-7 二叉树的链表存储结构

在具有 n 个结点的二叉链表中,一共有 $2n$ 个指针域,其中只有 $n-1$ 个用来指示结点的左、右孩子,其余的 $n+1$ 个指针域为空。

6.3 二叉树的遍历

二叉树的遍历是指按照某种顺序访问二叉树中的每个结点,且每个结点仅被访问一次。所谓"访问"结点的含义很广,是指对结点做各种处理的简称。如查询结点数据域的内容,输出结点的信息等操作。

　　如果遍历时访问结点仅是输出结点数据域的值,那么遍历的结果将得到一个线性序列。也就是说,遍历操作使非线性结构线性化。

　　由二叉树的定义可知,一棵二叉树由根结点、根结点的左子树和右子树三部分组成。因此,只要依次遍历这三部分,就可以遍历整个二叉树。若以 D、L、R 分别表示访问根结点、根结点的左子树、根结点的右子树,则二叉树的遍历方式有六种:DLR、LDR、LRD、DRL、RDL 和 RLD。如果限定先左后右,再把访问根结点穿插其中,则只有三种不同的遍历方式,即 DLR(称为先序遍历)、LDR(称为中序遍历)和 LRD(称为后序遍历),下面将分别介绍。

6.3.1　先序遍历

　　先序遍历也称为先根遍历,其递归的定义为:

　　若二叉树为非空,则

　　(1) 访问根结点。

　　(2) 按先序遍历左子树。

　　(3) 按先序遍历右子树。

　　先序遍历二叉树的递归算法如下:

【算法 6.1】

```
void PreOrder(BTNode  * bt)
{/ * 先序遍历二叉树 bt * /
    if (bt==NULL) return  0;        / * 递归调用的结束条件 * /
    printf(bt->data);             / * 访问结点的数据域 * /
    PreOrder(bt->lchild);         / * 先序递归遍历 bt 的左子树 * /
    PreOrder(bt->rchild);         / * 先序递归遍历 bt 的右子树 * /
}
```

对于图 6-7(a)所示的二叉树,按先序遍历所得到的结点序列为:

$$A \ B \ E \ C \ G \ L$$

6.3.2　中序遍历

　　中序遍历也称为中根遍历,其递归的定义为:

　　若二叉树为非空,则

　　(1) 按中序遍历左子树。

　　(2) 访问根结点。

　　(3) 按中序遍历右子树。

　　中序遍历二叉树的递归算法如下:

【算法 6.2】

```
void InOrder(BTNode   * bt)
{/ * 中序遍历二叉树 * /
    if (bt==NULL) return  0;        / * 递归调用的结束条件 * /
    InOrder(bt->lchild);          / * 中序递归遍历 bt 的左子树 * /
```

```
    printf(bt->data);        /*访问结点的数据域*/
    InOrder(bt->rchild);       /*中序递归遍历 bt 的右子树*/
}
```

对于图 6-7(a)所示的二叉树,按中序遍历所得到的结点序列为:

$$B E A C L G$$

6.3.3　后序遍历

后序遍历也称为后根遍历,其递归的定义为:

若二叉树为非空,则

(1) 按后序遍历左子树。

(2) 按后序遍历右子树。

(3) 访问根结点。

后序遍历二叉树的递归算法如下:

【算法 6.3】

```
void PostOrder(BTNode  * bt)
{/*后序遍历二叉树 bt */
    if (bt==NULL) return  0;      /*递归调用的结束条件*/
    PostOrder(bt->lchild);  /*后序递归遍历 bt 的左子树*/
    PostOrder(bt->rchild);   /*后序递归遍历 bt 的右子树*/
    printf(bt->data);        /*访问结点的数据域*/
}
```

对于图 6-7(a)所示的二叉树,按后序遍历所得到的结点序列为:

$$E B L G C A$$

在二叉树的三种遍历递归算法中,每个算法都访问到了每个结点的每一个域,并且每个结点的每一个域仅被访问一次,所以其时间复杂度均为 $O(n)$,n 表示二叉树中结点的个数。另外,在执行遍历算法时,系统都要使用一个栈。栈的最大深度等于二叉树的深度加 1。二叉树的深度视具体形态决定。若二叉树为完全二叉树,则二叉树的深度为 $\lfloor \log_2 n \rfloor + 1$,所以其空间复杂度为 $O(\log_2 n)$。若二叉树退化为一棵单支树(即最差的情况),则空间复杂度均为 $O(n)$。

6.3.4　由遍历序列恢复二叉树

通过上面的学习,可以知道任意一棵二叉树结点的先序序列和中序序列都是唯一的。反过来,若已知结点的先序序列和中序序列,也能确定这棵二叉树,这样确定的二叉树是唯一的。

二叉树的先序遍历是先访问根结点,再按先序遍历方式遍历根结点的左子树,最后按先序遍历方式遍历根结点的右子树。因此,在先序序列中,第一个结点一定是二叉树的根结点。另一方面,中序遍历是先遍历左子树,然后访问根结点,最后再遍历右子树。这样,根结点在中序序列中必然将中序序列分割成两个子序列,前一个子序列是根结点的左子树的中序序列,而后一个子序列是根结点的右子树的中序序列。根据这两个子序列,在先序序列中找到对应的左子序列和右子序列。在先序序列中,左子序列的第一个结点是左子树的根结点,右子序列的第一个结点是右子树的根结点。这样,就确定了二叉树的 3 个结点。同样,左子树和右子树的根结点又可以分别把左子序列和右子序列划分成两个子序列,如此递归下去,当取尽先序序列中的结点时,便可以得到一棵二叉树。

同样的道理,由二叉树的后序序列和中序序列也可唯一地确定一棵二叉树。因为,依据后序遍历和中序遍历的定义,后序序列的最后一个结点,就如同二叉树第一个结点,可将中序序列分成两个子序列,分别为这个结点的左子树的中序序列和右子树的中序序列,再拿出后序序列的倒数第二个结点,继续分割中序序列,如此递归下去,当倒序取尽后序序列中的结点时,便可以得到一棵二叉树。

[例 6-1] 已知一棵二叉树的先序序列为 $AEDBC$,中序序列为 $DEBAC$,试恢复该二叉树。

分析如下:

先序序列:A　E　D　B　C

中序序列:D　E　B　A　C

(1) 依据先序遍历序列可确定根结点为 A,再依据中序遍历序列可知其左子树由 DEB 构成,右子树为 C。

先序序列:$\underline{A}$　$\underline{E\ \ \ D\ \ \ B}$　$\underline{C}$

　　　　　　根　　左子树　　右子树

中序序列:$\underline{D\ \ \ E\ \ \ B}$　$\underline{A}$　$\underline{C}$

　　　　　　左子树　　　　根　右子树

(2) 由左子树的先序遍历序列可知其根结点为 E,由中序遍历序列可知 E 的左子树为 D,右子树由 B 构成。

先序序列:$\underline{E}$　　　$\underline{D}$　　　　$\underline{B}$

　　　　　　根　　左子树　右子树

中序序列:　$\underline{D}$　　　$\underline{E}$　　　　$\underline{B}$

　　　　　　左子树　根　　　右子树

最后得到如图 6-8(a)所示的整棵二叉树

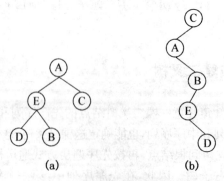

图 6-8　遍历序列恢复的二叉树

[例 6-2] 已知一棵二叉树的中序序列为 $AEDBC$,后序序列为 $DEBAC$,试恢复该二叉树。

分析如下：

中序序列：$A\ E\ D\ B\ C$

后序序列：$D\ E\ B\ A\ C$

（1）依据后序遍历序列可确定根结点为以 C，再依据中序遍历序列可知其左子树由 $DEBA$ 构成，右子树为空。

中序序列：$\underline{A\ E\ D\ B}\ \ \underline{C}$
　　　　　　　左子树　　　根

后序序列：$\underline{D\ E\ B\ A}\ \ \underline{C}$
　　　　　　　左子树　　　根

（2）由左子树的先序遍历序列可知其根结点为 E，由中序遍历序列可知 E 的左子树为 D，右子树由 B 构成。

中序序列：$\underline{A}\ \ \underline{E\ D\ B}$
　　　　　　根　　右子树

后序序列：$\underline{D\ E\ B}\ \ \underline{A}$
　　　　　　右子树　　　根

依次类推，最后得到如图 6－8(b)所示的整棵二叉树。

6.4　线索二叉树

6.4.1　线索二叉树的定义

由 6.3 节可知，按照某种遍历方式对二叉树的结点进行遍历可得到一个线性序列。在该序列中，除第一个结点外，每个结点有且仅有一个直接前驱；除最后一个结点外，每个结点有且仅有一个直接后继。

但是，当以二叉链表作为存储结构时，只能得到结点的左、右孩子信息，而不能直接得到结点在某种遍历序列中的前驱和后继结点，这种信息只有在对二叉树遍历的动态过程中得到。

为了保存结点的直接前驱或直接后继的信息，可以利用二叉链表中的空指针域来存放。一个具有 n 个结点的二叉树，若采用二叉链表存储结构，在 $2n$ 个指针域中只有 $n-1$ 个指针域是用来存储结点孩子的地址，而另外 $n+1$ 个指针域存放的都是 NULL。因此，可以利用某结点空的左指针域(lchild)指示该结点在某种遍历序列中的直接前驱，利用结点空的右指针域(rchild)指示该结点在某种遍历序列中的直接后继，对于那些非空的指针域，则仍然存放指向该结点左、右孩子的指针。这些指向直接前驱或直接后继的指针被称为线索，添加线索的二叉树就称为线索二叉树。

由于序列可由不同的遍历方法得到，因此，线索树有先序线索二叉树、中序线索二叉树和后序线索二叉树 3 种。对二叉树以某种次序遍历使其变为线索二叉树的过程称为线索化。那么，如何区别某结点的指针域内存放的是指针还是线索，通常可以采用下面的方法来实现：为每个结点增设两个标志域 ltag 和 rtag，分别指示左、右指针域内存放的是指针还是线索。令：

$$ltag = \begin{cases} 0 & \text{lchild 指向结点的左孩子} \\ 1 & \text{lchild 指向结点的前驱结点} \end{cases}$$

$$rtag = \begin{cases} 0 & \text{rchild 指向结点的右孩子} \\ 1 & \text{rchild 指向结点的后继结点} \end{cases}$$

结点的存储结构如图 6-9 所示。

| ltag | lchild | data | rchild | rtag |

图 6-9   结点的存储结构

在线索二叉树中，结点的结构可以定义为如下形式：

```
typedef char elemtype;
typedef struct    ThrNode {
    elemtype data;
    struct BiThrNode * lchild, * rchild;
    int ltag, rtag;
}ThrNode;
```

对图 6-10(a)的二叉树，它的中序线索二叉树链表如图 6-10(b)所示，图 6-10(c)中根线索二叉树的逻辑表示，图中带箭头的虚线是线索。

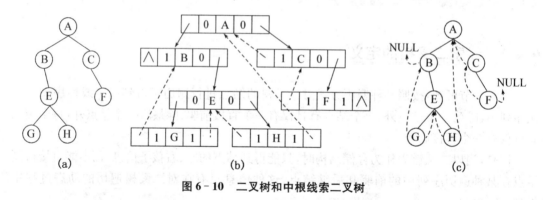

(a)   (b)   (c)

图 6-10   二叉树和中根线索二叉树

6.4.2   中序线索二叉树

线索树有先序线索二叉树、中序线索二叉树和后序线索二叉树 3 种，这里主要以中序线索二叉树为例，介绍线索二叉树的建立、遍历以及查找前驱结点等操作的实现算法。

1. 建立中序线索二叉树

二叉树线索化实质上就是在遍历过程中检查当前结点的左、右指针域是否为空，如果为空，将它们改为指向前驱结点或后继结点的线索。为实现这一过程，设指针 pre 始终指向刚刚访问过的结点，即若指针 p 指向当前正在访问的结点，则 pre 指向 t 的前驱，t 指向 pre 的后继，以便增设线索。

在线索化算法中,访问 t 所指的结点时,所做的处理如下:

(1) 建立 t 的前驱线索。若 t->lchild 为空,则将其左标志域置 1,并令 t->lchild 指向其中序前驱 pre;

(2) 建立 pre 的后继线索。若 pre->rchild 为空,则将其右标志域置 1,并令 pre->rchild 指向其中序后继 t;

(3) 将 pre 指向 t 刚刚访问过的结点,即 pre=t。这样,在 t 访问一个新结点时,pre 为其前驱结点。

【算法 6. 4】

```
void InThreading(ThrNode  * t)
{/ * 中序遍历线索化二叉树 * /
if (t
  { InThreading(t->lchild);          / * 左子树线索化 * /
    if (! t->lchild)                  / * 前驱线索 * /
      { t->ltag=1;   t->lchild=pre;
      }
If(! pre)
if (! pre->rchild)                  / * 后继线索 * /
    { pre->rtag=1;   pre->rchild=t;
      }
    pre=t;
    InThreading(p->rchild);          / * 右子树线索化 * /
  }
}
Void crt_thread(Thrnode * t)
/ * 建立中眼线索树 t * /
{Pre=NULL;/ * 全局变量 * /
In_threat(t);/ * 中根线索化二叉树 t * /
Pre->Rtag=1;/ * 最后一个结点线索化 * /
}
```

2. 线索二叉树的遍历

若以中序遍历中序线索树,首先应从根结点开始找到中根遍历序列的第一个结点,就是线索树上唯一左指针域为空的结点,然后依次找结点的后继和线索树上唯一右指针域为空的结点,也就是最后一个结点。

线索化算法中,在访问 p 所指的结点时:

(1) 若 p->rtag==1,则 p->rchild 即指向 p 的后继;

(2) 若 p->rtag==0,表明 p 有右子树,这时 p 的后继应是中序遍历右子树时访问到的第一个结点。

【算法 6. 5】

```
void InorderTh(ThrNode  * t)
{/ * 中序遍历线索二叉树 * /
p=t;
```

```
if (p! =Null){
  while(p->lchild! ==NULL)
    p=p->lchild;/*找中序遍历的第1个结点*/
    printf(p->data);
  while(p->rchild! ==NULL)
    {  if(p->rtag==1)  p=p->rchild;/*求结点的后继*/
      else{/*p有右子树*/
        p=p->rchild;
        while (p->Ltag! =1) p=p->lchild;            };
      }
    printf(p->data);
    }
  }
```

3. 在中序线索二叉树上查找任意结点的中序前驱结点

对于中序线索二叉树上的任一结点,寻找其中序的前驱结点,有以下两种情况:

(1) 如果该结点的左标志为1,那么其左指针所指向的结点便是它的前驱结点;

(2) 如果该结点的左标志为0,表明该结点有左孩子,根据中序遍历的定义,它的前驱结点应是遍历其左子树时最后访问的一个结点,即左子树中最右下的结点。从该结点的左孩子出发,沿右指针往下查找,当某结点的右标志为1时,它就是所要找的前驱结点。

在中序线索二叉树上查找结点 p 的中序前驱结点的算法如下:

【算法 6.6】

```
BiThrTree  in_pre(ThrNode  * p)/*找p结点的前驱*/
{  if(p->ltag==1) /*左线索为其前驱*/
        return p->lchild;
    else  /*左子树的最右下结点*/
        {p=p->lchild;
            while(p->rtag==0)  p=p->rchild;
            return p;
        }
}
```

6.5　二叉树、树和森林

6.5.1　树的存储结构

树的存储结构有多种形式,这里主要介绍以下几种。

1. 双亲数组表示法

双亲数组表示法是利用每个结点(除根结点外)只有唯一双亲的特点,用一维数组来存储一棵树。如图 6-11(a)的双亲数组表示法如图 6-11(b)所示。在这种结构中,通过访问它的 parent 域,就可以得到它的双亲的存储位置,但要寻找一个结点的孩子时,则需遍历整个数组。

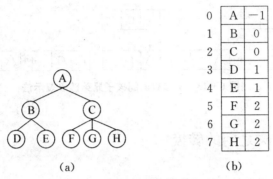

图 6-11 树的双亲数组表示法

2. 孩子链表表示法

孩子链表表示法是树的一种链式存储结构,其基本思想是:树上的一个结点的内容(数据元素)以及指向该结点所有孩子的指针存储在一起以便于实现运算。

一个孩子链表是一个带头结点的单链表,单链表的头结点含两个域:数据域和指针域,数据域用于存储结点中的数据元素,指针域用于存放指向该单链表中第一个表结点(首结点)的指针。

所有头结点组织成一个数组,称为表头数组。对每个结点 X 的孩子链,每个表结点也包含两个域:孩子域(即数据域)和指针域。第 i 个表结点的孩子域存储 X 的第 i 个孩子在头结点数组中的下标值,指针域指向 X 结点的下一个孩子。图 6-12 是图 6-11(a)的孩子链表表示法。

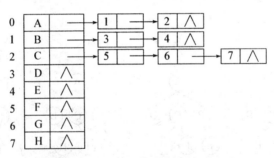

图 6-12 6-11(a)的孩子链表表示法

为了便于找到双亲,还可在各个头结点中增加一个双亲域以存储双亲在头结点数组中的下标值。这种存储结构称为带双亲的孩子链表表示法。

3. 孩子兄弟链表表示法

孩子兄弟链表中所有存储结点均含 3 个域,一个数据域和两个指针域,其中,数据域是用于存储树上结点中的数据元素,孩子域是用于存放指向本结点第一个孩子的指针,兄弟域是用于存放指向本结点下一个兄弟的指针。图 6-13 所示为图 6-11(a)中树的孩子兄弟链表表示。

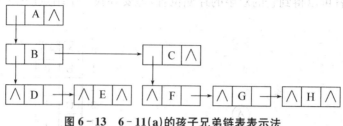

图 6 - 13   6 - 11(a)的孩子兄弟链表表示法

6.5.2   二叉树与树之间的转换

1. 将一般树转化为二叉树

将树转换为二叉树的规则是:将树中每一个结点的第一个孩子转换为二叉树中对应结点的左孩子,将第二个孩子转换为其第一个孩子的右孩子,将第三个孩子转换为其第二个孩子的右孩子,依次而推,即在与树对应的二叉树中,一个结点的左孩子是它在原来树中的第一个孩子,右孩子是它在原来树中的下一个兄弟。具体步骤为:

(1) 加线。在各兄弟结点之间用虚线相连。

(2) 抹线。对每个结点仅保留它与其最左一个孩子的连线,抹去该结点与其他孩子之间的连线。

(3) 旋转。把虚线改为实线从水平方向向下旋转 45°,成右斜下方向。这样就形成了一棵二叉树。

由于树的根结点无兄弟结点,所以与树对应的二叉树右子树为空。如图 6 - 14 所示的是树与二叉树的对应关系。

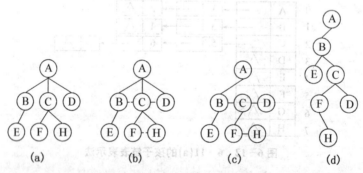

(a)   (b)   (c)   (d)

图 6 - 14   一般树转换为二叉树

2. 二叉树还原为一般树

二叉树还原为树,此二叉树应该没有右子树,其还原过程也分为 3 步:

(1) 加线。若某结点 X 是双亲结点的左孩子,则将该结点 X 的右孩子以及沿着右链不断搜索到的右孩子,都分别与结点 X 的双亲结点用虚线连接。

(2) 抹线。把原二叉树中所有双亲结点与其右孩子的连线抹去。对每个结点仅保留与其最左一个孩子的连线,抹去该结点与其他孩子之间的连线。

(3) 整理。把虚线改为实线,按层次整理好。如图 6 - 15 所示。

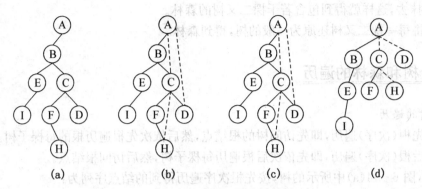

图 6-15　二叉树还原为一般树

6.5.3　二叉树与森林之间的转换

1. 森林转换为二叉树

森林是若干树的集合,森林转换为二叉树方法如下:将森林中的每一棵树转换成相应的二叉树。第一棵二叉树保持不动,从第二棵二叉树开始,依次把后一棵二叉树的根结点作为前一棵二叉树根结点的右子树,直到把最后一棵二叉树的根结点作为前一棵二叉树的右子树为止。如图 6-16 所示。

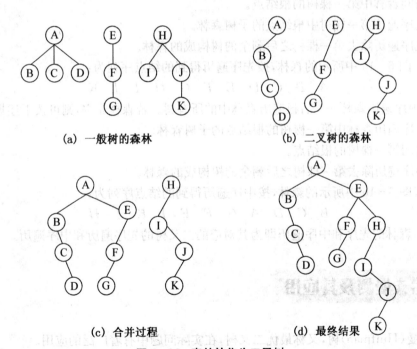

图 6-16　森林转化为二叉树

2. 二叉树还原为森林

将一棵由森林转化得到的二叉树还原为森林的步骤如下:

(1) 将从二叉树的根结点与右孩子的连线以及沿着右链不断地搜索到的所有右孩子的

连线全部抹去,这样就得到包含若干棵二叉树的森林。

（2）将每一棵二叉树还原为一般的树,得到森林。

6.5.4 树和森林的遍历

1. 树的遍历

（1）先根（次序）遍历,即先访问树的根结点,然后依次先根遍历根的每棵子树。

（2）后根（次序）遍历,即先依次后根遍历每棵子树,然后访问根结点。

例如,图 6-14(a)中所示的树,按先根次序遍历得到的结点序列为:

$$A \quad B \quad E \quad C \quad F \quad H \quad D$$

图 6-14(a)中所示的树,按后根次序遍历得到的结点序列为:

$$E \quad B \quad F \quad H \quad C \quad D \quad A$$

根据树与二叉树的转换规则和二叉树的遍历,我们不难发现:

树的先序遍历序列与其转换后对应的二叉树的先序遍历序列相同

树的后序遍历序列与其转换后对应的二叉树的中序遍历序列相同

2. 森林的遍历

森林有两种遍历方法:

（1）先序遍历森林——先根遍历森林中的所有树。若森林非空,则可按下述规则遍历:

① 访问森林中第一棵树的根结点。

② 先序遍历第一棵树中根结点的子树森林。

③ 先序遍历除去第一棵树之后剩余的树构成的森林。

例如,图 6-16 中所示的森林,按先序遍历得到的结点序列为:

$$A \quad B \quad C \quad D \quad E \quad F \quad G \quad H \quad I \quad J \quad K$$

（2）中序遍历森林——后根遍历森林中的所有树。若森林非空,则可按下述规则遍历:

① 中序遍历森林中第一棵树的根结点的子树森林。

② 访问第一棵树的根结点。

③ 中序遍历除去第一棵树之后剩余的树构成的森林。

例如,图 6-16 中所示的森林,按中序遍历得到的结点序列为:

$$B \quad C \quad D \quad A \quad G \quad F \quad E \quad I \quad K \quad J \quad H$$

注意,森林的先序和中序遍历即为其对应的二叉树的先序遍历和中序遍历。

6.6 哈夫曼树及其应用

哈夫曼（Huffman）树,又称最优二叉树,在实际问题中有着广泛的应用。

6.6.1 基本概念和术语

（1）路径长度:若树中存在一个结点序列 $k_1, k_2, \cdots, k_j$,使得 k_i 是 k_{i+1} 的双亲（$l \leqslant i < j$）,

则称该结点序列是从 k_1 到 k_j 的一条路径（Path）。树中每个结点只有一个双亲结点，所以它也是这两个结点之间的唯一路径。从 k_1 到 k_j 所经过的分支数称为这两点之间的路径长度，它的值等于路径上的结点数减 1。

（2）树的路径长度：是指从根结点到每一个结点的路径长度之和。

（3）结点的权：在许多应用中，常常将树中的结点赋予一个有某种意义的实数，称为该结点的权。

（4）结点的带权路径长度：是该结点到树根结点之间的路径长度与该结点的权的乘积。

（5）树的带权路径长度：树的带权路径长度定义为树中所有叶子结点的带权路径长度之和，通常记为：

$$WPL = \sum_{i=1}^{n} w_i * l_i$$

其中 n 表示叶子结点的数目，w_i 和 l_i 分别表示叶结点 k_i 的权值和根结点到叶结点 k_i 之间的路径长度。

（6）哈夫曼树：在权为 $w_1, w_2, \cdots, w_n$ 的 n 个叶子结点的所有二叉树中，带权路径长度 WPL 最小的二叉树称为最优二叉树或哈夫曼树。

[例 6-3]　有 4 个叶结点 A, B, C, D，分别带权为 $2, 3, 4, 7$，由它们构造的 3 棵不同的二叉树分别如图 6-17 所示。

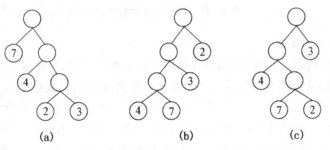

图 6-17　具有不同带权路径长度的二叉树

它们的带权路径长度分别为：

（a）$WPL = 2 \times 3 + 3 \times 3 + 4 \times 2 + 7 \times 1 = 30$

（b）$WPL = 7 \times 3 + 4 \times 3 + 3 \times 2 + 2 \times 1 = 41$

（c）$WPL = 4 \times 2 + 7 \times 3 + 2 \times 3 + 3 \times 1 = 38$

其中，（a）树的 WPL 最小。

6.6.2　构造哈夫曼树

1. 构造哈夫曼树的方法

根据哈夫曼树的定义，一棵二叉树要使其 WPL 值最小，必须使权值越大的叶结点越靠近根结点，而权值越小的叶结点越远离根结点。哈夫曼（Haffman）依据这一特点提出了一种方法，这种方法的基本思想是：

（1）根据给定的 n 个权值 $\{w_1, w_2 \cdots w_n\}$ 构造 n 棵只有一个叶结点的二叉树，从而得到

一个二叉树的集合 $F=\{T_1,T_2\cdots T_n\}$；

（2）在 F 中选取根结点的权值最小和次小的两棵二叉树作为左、右子树构造一棵新的二叉树，这棵新的二叉树根结点的权值为其左、右子树根结点权值之和；

（3）在集合 F 中删除作为左、右子树的两棵二叉树，并将新建立的二叉树加入到集合 F 中；

（4）重复（2）（3）两步，当 F 中只剩下一棵二叉树时，这棵二叉树便是所要建立的哈夫曼树。

图 6-18 给出了前面提到的叶结点权值集合为 $W=\{2,3,4,7\}$ 的哈夫曼树的构造过程。可以计算出其带权路径长度为 30，由此可见，对于同一组给定叶结点所构造的哈夫曼树，树的形状可能不同，一般习惯把权值较小的当作左子树，权值较大的当作右子树，但带权路径长度值是相同的。

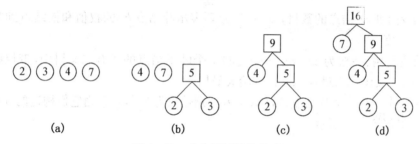

图 6-18　哈夫曼树的构造过程

2. 哈夫曼算法的实现

由哈夫曼树的构造过程可知，初始森林中共有 n 棵二叉树，每棵树中都仅有一个孤立的结点，它们既是根，又是叶子。然后将当前森林中的两棵根结点权值最小的二叉树，合并成一棵新二叉树。每合并一次，森林中就减少一棵树。显然，要进行 $n-1$ 次合并，才能使森林中的二叉树的数目，由 n 棵减少到剩下一棵最终的哈夫曼树。并且每次合并，都要产生一个新结点，合并 $n-1$ 次共产生 $n-1$ 个新结点，显然它们都是具有两个孩子的分支结点。由此可知，最终求得的哈夫曼树中共有 $2n-1$ 个结点，其中 n 个叶结点是初始森林中的 n 个孤立结点，并且哈夫曼树中没有度为 1 的分支结点。因此，在构造哈夫曼树时，可以设置一个大小为 $2n-1$ 的数组 ht 保存哈夫曼树中各结点的信息，结点的存储结构如图 6-19 所示。

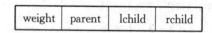

| weight | parent | lchild | rchild |

图 6-19　哈夫曼树结点的存储结构

其中，weight 域保存结点的权值，lchild 和 rchild 域分别保存该结点的左、右孩子结点在数组 ht 中的序号，叶子结点的这两个指针值为空（即 -1）。为了判定一个结点是否已加入到要建立的哈夫曼树中，可通过 parent 域的值来确定。初始时 parent 的值为 -1，当结点加入到树中时，该结点 parent 的值为其双亲结点在数组 ht 中的序号。

哈夫曼树的存储结构定义述如下：

```
#define MaxSize 10000          /* 定义最大权值 */
typedef struct {
    int weight;
```

```
        int parent;
        int lchild;
        int rchild;
}Hnode;
```

在上述存储结构上实现的哈夫曼树的构造算法可描述如下。

（1）初始化

将 $ht[0..2n-2]$ 中 $2n-1$ 个结点里的三个指针均置为空（即置为−1），权值置为 0。

（2）输入

读入 n 个叶子的权值存于向量的前 n 个分量（即 $ht[0..n-1]$）中，它们是初始森林中 n 个孤立的根结点上的权值。

（3）合并

对森林中的树共进行 $n-1$ 次合并，所产生的新结点依次放入向量 ht 的第 i 个分量中（$n \leqslant i < 2n-1$）。每次合并分两步：

① 在当前森林 $ht[0..i-1]$ 的所有结点中，选取权最小和次小的两个根结点 $ht[p_1]$ 和 $ht[p_2]$ 作为合并对象，其中，$0 \leqslant p_1, p_2 \leqslant i-1$。

② 将根为 $ht[p_1]$ 和 $ht[p_2]$ 的两棵树作为左右子树合并为一棵新的树，新树的根是新结点 $ht[i]$。因此，应将 $ht[p_1]$ 和 $ht[p_2]$ 的 parent 置为 i，将 $ht[i]$ 的 lchild 和 rchild 分别置为 p_1 和 p_2，而新结点 $ht[i]$ 的权值应置为 $ht[p_1]$ 和 $ht[p_2]$ 的权值之和。注意，合并后 $ht[p_1]$ 和 $ht[p_2]$ 在当前森林中已不再是根，因为它们的双亲指针均已指向 $ht[i]$，所以下一次合并时不会被选中为合并对象。

其哈夫曼树的存储结构示意图如图 6-20 所示。

具体算法如下：

【算法 6.7】

```
void  Huffman_tree(Hnode ht[])  /* 建哈夫曼树 ht */
{    int i,j,n,p1,p2,w1,w2;
     printf("\n input  n: ");
     scanf(" %d",&n);                /* 输入叶子结点个数 */
     for(i=0; i<2*n-1;++i)/* 初始化 ht */
       {ht[i].weight=0;
        ht[i].parent=ht[i].lchild=ht[i].rchild=-1;}
     printf("\n input %d weight: ",n);/* 输入 n 个叶结点的权值 */
     for(i=0;i<n;++i)  scanf("%d",&ht[i].weight);
     for(i=n; i<2*n-1; ++i)       /* 每循环一次构造一个内部结点 */
     {  p1=p2=0;   w1=w2=MAXVALUE;   /* 相关变量赋初值 */
          for(j=0;j<=i-1;j++)     /* 找两个最小权的子树结点 */
              if(ht[j].parent<0 && ht[j].weight<w1)
                 { w2=w1;w1=ht[j].weight; p2=p1;p1=j;}
              else   if(ht[j].parent<0 && ht[j].weight<w2)
                 { w2=ht[j].weight;   p2=j;   }
          /* 将找出的两棵子树合并为一棵子树 */
          ht[p1].parent=i;   ht[p2].parent=i; ht[i].lchild=p1;   ht[i].rchild=p2;
```

　　　　　　ht[i]. weight＝ht[p1]. weight＋ht[p2]. weight；

　　　　　　}

　　　}

存储结构初态表　　　　　　　　　　　　存储结构终态表

	weight	parent	lchild	rchild
0	2	−1	−1	−1
1	3	−1	−1	−1
2	4	−1	−1	−1
3	7	−1	−1	−1
4		−1	−1	−1
5		−1	−1	−1
6		−1	−1	−1

	weight	parent	lchild	rchild
0	2	4	−1	−1
1	3	4	−1	−1
2	4	5	−1	−1
3	7	6	−1	−1
4	5	5	0	1
5	9	6	2	4
6	16	−1	3	5

图 6‑20　哈夫曼树的存储结构示意

6.6.3　哈夫曼树的应用

　　在数据通信中,经常需要将传送的文字转换成由二进制字符 0 和 1 组成的二进制串,称为编码。例如进行快速远距离的通信电报,各个字符出现和使用的频度是不相同的,通常希望出现频率高的字符采用尽可能短的编码,出现频率低的字符采用稍长的编码,从而缩短电文的总长度。

　　哈夫曼树是可用于构造电文的编码总长最短的编码方案。具体做法是:设需要编码的字符集合为 $\{c_1,c_2,\cdots,c_n\}$,它们在电文中出现的次数或频率集合为 $\{w_1,w_2,\cdots,w_n\}$,以 c_1, $c_2,\cdots,c_n$ 作为叶结点,$w_1,w_2,\cdots,w_n$ 作为它们的权值,构造一棵哈夫曼树,规定哈夫曼树中的左分支代表 0,右分支代表 1,则从根结点到每个叶结点所经过的路径分支组成的 0 和 1 的序列便为该结点对应字符的编码,称为哈夫曼编码。

　　在哈夫曼编码树中,树的带权路径长度的含义是各个字符的码长与其出现次数的乘积之和,也就是电文的代码总长,所以采用哈夫曼树构造的编码是一种能使电文代码总长最短的不等长编码。

　　在建立不等长编码时,必须使任何一个字符的编码都不是另一个字符编码的前缀,这样才能保证译码的唯一性。然而,采用哈夫曼树进行编码,则不会产生上述二义性问题。因为,在哈夫曼树中,每个字符结点都是叶结点,它们不可能在根结点到其他字符结点的路径上,所以一个字符的哈夫曼编码不可能是另一个字符的哈夫曼编码的前缀,从而保证了译码的非二义性。

　　实现哈夫曼编码的算法可分为两大部分:

　　(1) 构造哈夫曼树;

　　(2) 在哈夫曼树上求叶结点的编码。

　　[例 6‑4]　已知某系统在通信联络中只可能出现字符 A,C,D,E,F,G,其权值分别

为 3,6,4,2,9,11,试设计对应哈夫曼树并写出哈夫曼编码。

哈夫曼树及其哈夫曼编如图 6-21 所示。

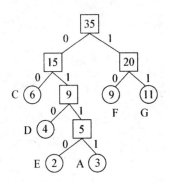

字符	编码
C	00
F	10
G	11
D	010
E	0110
A	0111

图 6-21 哈夫曼树及其哈夫曼编码示意图

6.7 实训案例与分析

【实例 1】 二叉树的遍历及其应用

【案例分析】

采用二叉链表作为二叉树的存储结构,实现如下功能:

(1) 输入二叉树的特殊先序序列,建立二叉树。

(2) 实现二叉树的中序遍历。

(3) 求二叉树的深度。

(4) 求二叉树中叶子结点的数目。

数据结构定义为:

```
typedefchar   ElemType;
typedef struct   BTNode{
        ElemType   data;
        struct   BTNode * lchild, * rchild;/ * 左右子女指针 * /
}BTNode, * BTree;
```

【参考程序】

```
# include "stdio. h"
# include "stdlib. h"
typedefchar   ElemType;
typedef struct   BTNode{
        ElemType   data;
        struct   BTNode * lchild, * rchild;/ * 左右子女指针 * /
}BTNode, * BTree;
void create_bitree(BTree  * T)
{ / * 按先序次序输入二叉树结点的字符,'♯'字符表示空树 * /
    / * 构造二叉树的二叉链表 T * /
```

```
        char ch;
        ch=getchar();
        if(ch=='#') * T=NULL;
        else
           { * T=(BTree)malloc(sizeof(BTNode));
            ( * T)->data=ch;  /* 生成根结点 */
            create_bitree(&( * T)->lchild);/* 构造左子树 */
            create_bitree(&( * T)->rchild);/* 构造右子树 */
           }
}
void inorder(BTree T)
{    if(T)
       {
             inorder(T->lchild);
             printf("%3c",T->data);
             inorder(T->rchild);
       }
}/* inorder */
int   deep_bitree(BTree T)
{ /* 编写递归算法求二叉树的深度 */
    int n,nl,nr;
    if(T)
      {
          nl=deep_bitree(T->lchild);
          nr=deep_bitree(T->rchild);
          if(nl>=nr)
               n=nl+1;
          else
          n=nr+1;
      }
      else
          n=0;
      return(n);
} /* deep_bitree */
int   leaf_number(BTree T)
{  /* 编写递归算法求二叉树中叶子结点的数目 */
    int num,lnum,rnum;
    if(T)
      {
        if(! T->lchild && ! T->rchild)  num=1;
          else
          {
                lnum=leaf_number(T->lchild);
```

```
                rnum=leaf_number(T->rchild);
                num=lnum+rnum;
            }
        }
        else        num=0;
        return(num);
}/* leaf_number */
main()
{
    BTree T;
    printf("\ninput bitree   char:\n");
    create_bitree(&T);
    printf("\nthe deep bitree T is %d",deep_bitree(T));
    printf("\nthe leaf number of bitree T is %d",leaf_number(T));
    printf("\nthe inorder list of bitree T:\n");
    inorder(T);
    getchar();
    getchar();
}
```

【测试结果】

input bitree   char:

a bc ＃ ＃ *e* ＃ ＃*d* ＃ ＃

the deep bitree T is 3

the leaf number of bitree T is 3

the inorder list of bitree T:

c b e a d

【实例 2】　构造赫夫曼树及赫夫曼编码的实现

【实例分析】

程序功能要求：

(1) 输入 *n* 个叶结点的权值,构造赫夫曼树。

(2) 约定左分支表示字符 0,右分支表示字符 1,根据赫夫曼树构造赫夫曼编码,以指向字符串的指针数组来存放,从叶子到根逆向求每个叶结点的赫夫曼编码。数据结构定义为：

```
    typedef struct{
            int    weight;/* 权值 */
            int    parent, lchild, rchild;
    }htnode, * huftree;
```

【参考程序】

```
# include "stdio. h"
# include "string. h"
typedef struct{
        int    weight;
        int    parent, lchild, rchild;
```

```
}htnode, * huftree;
typedef char * * huffmancode;
huftree ht;
huffmancode hc;
int n;
void   huffmancoding()/ * 赫夫曼编码子函数 * /
{ int i,j,m,c,f;
int s₁ ,s₂ ,w₁ ,w₂ ;
    int start;
    huftree p;
        char * cd;
    m=2 * n-1;
    ht=(huftree)malloc((m+1) * sizeof(htnode));
    for(p=ht+1,i=1; i<=m;++i,++p)
        {       p->weight=0;       p->parent=0;
                p->lchild=0;       p->rchild=0;
        }
    printf("\\ninput %d weight: ",n);
    for(i=1;i<=n;++i)
            scanf("%d",&ht[i]. weight);
    for(i=n+1; i<=m; ++i)
        {
            s₁ =s₂ =1;    w₁ =w₂ =100;
            for(j=1;j<=i-1;j++)
                if(ht[j]. parent==0)
                    if(ht[j]. weight<w1)
                      { w₂ =w₁ ;w₁ =ht[j]. weight;
                        s₂ =s₁ ;s₁ =j;
                      }
                    else
                      if(ht[j]. weight<w₂ )
                        { w₂ = ht[j]. weight;
                          s₂ =j;
                        }
            ht[s₁ ]. parent=i;    ht[s₂ ]. parent=i;
            ht[i]. lchild=s₁ ;    ht[i]. rchild=s₂ ;
                ht[i]. weight=ht[s₁ ]. weight+ht[s₂ ]. weight;
        }
    hc=(huffmancode)malloc((n+1) * sizeof(char * ));
    cd=(char * )malloc(n * sizeof(char));
    cd[n-1]='\\0';
    for(i=1;i<=n;++i){
            start=n-1;
```

```
        for(c=i,f=ht[i]. parent;f;c=f,f=ht[f]. parent)
            {
                if(ht[f]. lchild==c)   cd[――start]='0';
                else   cd[――start]='1';
hc[i]=(char * )malloc((n―start) * sizeof(char));
                strcpy(hc[i],&cd[start]);
            }
        free(cd);
    }
    printf("\noutput huffmancode:\\n");/ * 输出赫夫曼编码 * /
    for(i=1;i<=n;i++)
            printf("\n%2d：%s",ht[i]. weight,hc[i]);
}
main()
{
printf("\ninput n: ");
scanf("%d",&n);
huffmancoding();
getchar();
getchar();
}
```

【测试数据与结果】

input n: 6

input 6 weight: 29 4 5 11 23 7

output huffmancode:

 29：0

 4：11110

 5：11111

 11：110

 23：10

 7：1110

复习思考题

一、选择题

1. 一棵具有 n 个结点的完全二叉树的树高度（深度）是（　　）。

　　A. $\lfloor \log_2 n \rfloor + 1$　　　　B. $\log_2 n + 1$　　　　　C. $\lfloor \log_2 n \rfloor$　　　　　D. $\log_2 n - 1$

2. 在有 n 个叶子结点的哈夫曼树中，其结点总数为（　　）。

　　A. 不确定　　　　　B. $2n$　　　　　　　C. $2n+1$　　　　　　D. $2n-1$

3. 二叉树的第 i 层上最多含有结点数为（　　）。

A. 2^i B. $2^{i-1}-1$ C. 2^{i-1} D. 2^i-1

4. 具有 9 个叶结点的二叉树中有（　　）个度为 2 的结点。

A. 8   B. 9   C. 10   D. 11

5. 由 3 个结点可以构造出（　　）种不同的二叉树。

A. 2   B. 3   C. 4   D. 5

6. 对二叉树从 1 开始进行连续编号，要求每个结点的编号大于其左右孩子的编号，同一个结点的左右孩子中，其左孩子的编号小于其右孩子的编号，则可采用（　　）次序的遍历实现编号。

A. 先序   B. 中序

C. 后序   D. 从根开始的层次遍历

7. 某二叉树的先序序列和后序序列正好相反，则该二叉树一定是（　　）的二叉树。

A. 空或只有一个结点   B. 高度等于其结点数

C. 任一结点无左孩子   D. 任一结点无右孩子

8. 已知某二叉树的后序遍历序列是 $adbec$，中序遍历序列是 $aebdc$，它的前序遍历序列是（　　）。

A. $acbed$ B. $decab$ C. $deabc$ D. $ceabd$

9. 引入二叉线索树的目的是（　　）。

A. 加快查找结点的前驱或后继的速度

B. 为了能在二叉树中方便地进行插入与删除

C. 为了能方便地找到双亲

D. 使二叉树的遍历结果唯一

10. 将一棵有 100 个结点的完全二叉树从根这一层开始，每一层从左到右依次对结点进行编号，根结点的编号为 1，则编号为 40 的结点的左孩子编号为（　　）。

A. 98   B. 99   C. 80   D. 48

11. 若一棵二叉树具有 9 个度为 2 的结点，5 个度为 i 的结点，则度为 0 的结点个数是（　　）。

A. 9   B. 10   C. 15   D. 不确定

12. 如果 T_1 是由有序树 T 转换而来的二叉树，那么 T 中结点的前序就是 T_1 中结点的（　　）。

A. 前序   B. 中序   C. 后序   D. 层次序

13. 利用二叉链表存储树时，根结点的右指针是（　　）。

A. 指向最左孩子   B. 指向最右孩子   C. 空   D. 非空

14. 设森林 F 中有三棵树，第一，第二，第三棵树的结点个数分别为 N_1，N_2 和 N_3。与森林 F 对应的二叉树根结点的右子树上的结点个数是（　　）。

A. N_1 B. N_1+N_2 C. N_3 D. N_2+N_3

15. n 个结点的线索二叉树上含有的线索数为（　　）。

A. $2n$ B. $n-1$ C. $n+1$ D. n

16. 一棵树高为 K 的完全二叉树至少有（　　）个结点。

A. 2^k-1 B. $2^{k-1}-1$ C. 2^{k-1} D. 2^k

17. 在一非空二叉树的中序遍历序列中,根结点的右边(　　)。

    A. 只有右子树上的所有结点　　　　　B. 只有右子树上的部分结点

    C. 只有左子树上的部分结点　　　　　D. 只有左子树上的所有结点

18. 树最适合用来表示(　　)。

    A. 有序数据元素　　　　　　　　　　B. 无序数据元素

    C. 元素之间具有分支层次关系的数据　D. 元素之间无联系的数据

19. 深度为 6 的二叉树至多有(　　)个结点

    A. 64　　　　　　　　B. 63　　　　　　　　C. 31　　　　　　　　D. 32

20. 如果某二叉树的前序为 $stuwv$,中序为 $uwtvs$,那么该二叉树的后序为(　　)。

    A. $uwvts$　　　　　B. $vwuts$　　　　　C. $wuvts$　　　　　D. $wutsv$

21. 任何一棵二叉树的叶结点在先序、中序和后序遍历序列中的相对次序(　　)。

    A. 不发生改变　　　B. 发生改变　　　C. 不能确定　　　D. 以上都不对

二、填空题

1. 若一棵具有 n 个结点的二叉树采用标准链接存储结构,那么该二叉树所有结点共有_____个空指针域。

2. 已知二叉树的前序序列为 $ABDECGFHIJ$,中序序列为 $DBCEAHFIJG$,写出后序序列_____。

3. 若以{2,4,6,1,8}作为叶子结点的权值构造哈夫曼树,则其带权路径长度是_____。

4. 一棵含有 n 个结点的 k 叉树,可能达到的最大深度是_____,最小深度是_____。

5. 深度为 H 的完全二叉树至少有_____个结点;至多有_____个结点;H 和结点总数 N 之间的关系是_____。

6. 一棵二叉树有 69 个结点,这些结点的度要么是 0,要么是 2,这棵二叉树中度为 2 的结点有_____个。

7. 在一棵二叉树中,度为 0 的结点的个数为 N_0,度为 2 的结点的个数为 N_2,则有 $N_0 =$_____。

8. 已知二叉树有 40 个叶子结点,则该二叉树的总结点数至少是_____。

9. 含有 50 个结点的树有_____条边。

10. 一个深度为 k 的,具有最少结点数的完全二叉树按层次,(同层次从左到右)用自然数依此对结点编号,则编号最小的叶子的序号是_____,编号是 i 的结点所在的层次号是_____(根所在的层次号规定为 1 层)。

11. 已知一棵二叉树的先序序列为 $ABDEFHG$,中序序列为 $DBEAHFG$,则该二叉树的根为_____,左子树中有_____,右子树中有_____。

12. 一棵哈夫曼树有 19 个结点,则其叶子结点的个数是_____。

13. 有数据 $WG=\{4,5,6,7,10,12,18\}$,则所建哈夫曼树的树高是_____,带权路径长度 WPL 为_____。

14. 有一份电文中共使用 6 个字符:a,b,c,d,e,f,它们的出现频率依次为 2,3,4,7,8,9,试构造一棵哈夫曼树,则其加权路径长度 WPL 为_____,字符 c 的编码是_____。

15. 7 层完全二叉树至少有_____个结点,拥有 100 个结点的完全二叉树的最大层数为_____。

16. 一棵树 T 中,包括一个度为 i 的结点,两个度为 2 的结点,三个度为 3 的结点,四个度为 4 的结点和若干叶子结点,则 T 的叶结点数为_____。

三、判断题

1. 一棵哈夫曼树中不存在度为 i 的结点。   (   )

2. 二叉树按某种顺序线索化后,任一结点均有指向其前趋和后继的线索。   (   )

3. 若一棵二叉树的任一非叶子结点的度为 2,则该二叉树为满二叉树。   (   )

4. 二叉树只能采用二叉链表来存储。   (   )

5. 二叉树中的叶子结点就是二叉树中没有左右子树的结点。   (   )

6. 深度为 K 的二叉树中结点总数 $\leqslant 2^k - 1$。   (   )

7. 哈夫曼树是带权路径长度最短的树,路径上权值较大的结点离根较近。   (   )

8. 二叉树的先序遍历序列中,任意一个结点均处在其孩子结点的前面。   (   )

9. 二叉树是度为 2 的有序树。   (   )

四、应用题

1. 有一棵二叉树,如图 6-22 所示,回答下面的问题:

(1) 这棵树的叶子结点是_____。

(2) 结点 C 的度为_____。

(3) 这棵树的度为_____。

(4) 这棵树的深度为_____。

(5) 结点 C 的孩子结点为_____。

(6) 结点 C 的父结点为_____。

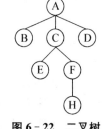

图 6-22 二叉树

2. 证明:一个满 k 叉树上的叶子结点数 n_0 和非叶子结点数 n_1 之间满足以下关系:$n_0 = (k-1)n_1 + 1$。

3. 一棵二叉树的后序序列和中序序列分别如下,画出该二叉树。

后序序列 $ECDBGIHFA$

中序序列 $EBCDAFGHI$

4. 一棵二叉树的先序、中序和后序序列分别如下,其中有一部分为显示出来,试求出空格处的内容,画出该二叉树。并画出中序线索二叉树。

先序:_B_E_FHG_J

中序:E_BHFD_IGA

后序:_C_FJIJGD_A

5. 把图 6-23 所示的一般树转化为二叉树。

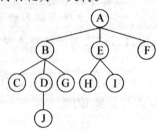

图 6-23 树转化为二叉树

6. 把图 6-24 所示的森林转换为二叉树。

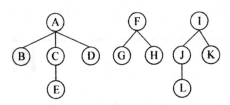

图 6-24 森林转换为二叉树

7. 把图 6-25 所示的二叉树还原为森林。

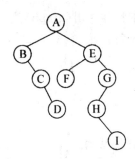

图 6-25 二叉树还原为森林

8. 已知一个森林的先序序列和后序序列如下,请构造出该森林。

先序序列: ABCHEFGDIJKOMNL

后序序列: CHEBFDIJGAMOLNK

9. 有七个带权结点,其权值分别为 3,4,8,2,6,10,12,试以它们为叶结点构造一棵哈夫曼树(请按照每个结点的左子树根结点的权小于等于右子树根结点的权的次序构造),并计算出带权路径长度 WPL。

10. 有一电文共使用五种字符 A,B,C,D,E,其出现频率依次为 4,7,5,2,9。

(1) 试画出对应的编码哈夫曼树(要求左子树根结点的权小于等于右子树根结点的权)。

(2) 求出每个字符的哈夫曼编码。

(3) 求出传送电文的总长度。

(4) 并译出编码系列 1100011100010011 的相应电文。

五、算法设计题

1. 二叉树采用二叉链表,求二叉树中值为最大的元素。

2. 二叉树采用二叉链表存储

(1) 编写计算整个二叉树高度的算法(二叉树的高度也叫二叉树的深度)。

(2) 编写计算二叉树最大宽度的算法(二叉树的最大宽度是指二叉树所有层中结点个数的最大值)。

3. 编写递归算法,对于二叉树中每一个元素值为 X 的结点,删去以它为根的子树。

六、编程练习

1. 求二叉树中指定结点的层数。

2. 求二叉树中按层次遍历序列。

第 7 章

图

学习目标

系统学习图的有关概念和基本操作。图(graph)是一种较线性表和树更为复杂的数据结构。图的应用十分广泛,已渗透到系统工程、人工智能、电子线路分析、计算机科学等领域。

学习要求

- ➤ 掌握:图的基本概念,图的存储结构。
- ➤ 掌握:图的遍历的方法。
- ➤ 掌握:图的生成树、和最小生成树等概念,求图的最小生成树的普里姆算法和克鲁斯卡尔算法。
- ➤ 掌握:进行图的拓扑排序的方法,能够根据图的邻接表得到唯一一种拓扑序列。
- ➤ 了解:关键路径的求法。

7.1 图的定义和基本术语

7.1.1 图的定义

图是一种数据结构,可以定义为

$$G = (V, E)$$

其中 V 是**顶点**的非空有限集合;E 是用顶点偶对表示的**边**的有穷集合。

在一个图中,如果每条边都没有方向,则称该图为**无向图**。在无向图中,(v_i, v_j) 和 (v_j, v_i) 表示同一条边。

在一个图中,如果每条边都有方向,则称该图为有向图,在有向图中,若 $<v_i, v_j> \in E$,则 $<v_i, v_j>$ 表示从 v_i 到 v_j 有一条弧(arc,或称有向边),且称 v_i 为弧尾(tail)或初始点(initial node),称 v_j 为弧头(Head)或终端点(terminal node),因此 $<v_i, v_j>$ 和 $<v_j, v_i>$ 表示不同的边。在有向图中用箭头表示弧的方向,箭头从弧尾指向弧头。

如图 7-1 所示的两个图 G_1 和 G_2,其中 G_1 是无向图,G_2 是有向图。

在 G_1 中,$V(G_1) = \{v_1, v_2, v_3, v_4, v_5\}$,

$E(G_1) = \{(v_1,v_2),(v_2,v_3),(v_2,v_4),(v_3,v_5),(v_2,v_5)\}$

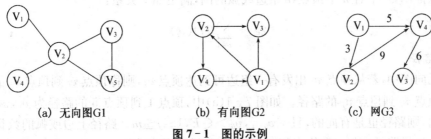

(a) 无向图G1　　　(b) 有向图G2　　　(c) 网G3

图 7-1　图的示例

在有向图 G_2 中，$V(G_2) = \{v_1,v_2,v_3,v_4\}$，$E(G_2) = \{<v_1,v_2>,<v_1,v_3>,<v_2,v_3>,<v_2,v_4>,<v_4,v_1>\}$。

7.1.2　图的基本术语

为了便于后面的叙述，首先给出图的基本术语。

1. 邻接点、相关边

若无向图中的两个顶点 v_i,v_j 之间存在一条边 (v_i,v_j)，则称 v_i 和 v_j 互为邻接点。同时称边 (v_i,v_j) 依附于顶点 v_i 和顶点 v_j。边 (v_i,v_j) 则是与顶点 v_i 和 v_j 相关联的边。如图 7-1(a)无向图 G_1 中，与 v_5 相关联的边是 (v_3,v_5)，(v_2,v_5)。

在有向图中，若存在弧 $<v_i,v_j>$，也称相邻接，但要区分弧的头和尾。称弧 $<v_i,v_j>$ 与顶点 v_i 和顶点 v_j 相关联。

2. 完全图

在一个无向图中，如果任意两顶点都有一条边直接连接，则称该图为无向完全图，如图 7-2 中的(a)，因此，在一个有 n 个顶点的无向图中，若每个顶点到其他 $n-1$ 个顶点都有一条边，则图中有 $n(n-1)/2$ 条边。在一个有向图中，如果任意两个顶点之间都有方向互为相反的两条弧相连接，则称该图为有向完全图，如图 7-2 中的(b)，同理可知，任一个具有 n 个顶点的有向图，其最大边数为 $n(n-1)$。

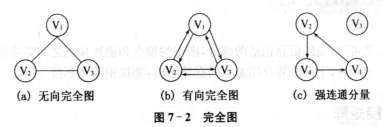

(a) 无向完全图　　　(b) 有向完全图　　　(c) 强连通分量

图 7-2　完全图

3. 顶点的度

顶点 v_i 的度是指在图中与 v_i 相关联的边的条数，记作 $TD(v_i)$。如图 7-1(a)中 v_2 的度为 4。

对于有向图，顶点 v_i 的入度 $ID(v_i)$ 是以 v_i 为终点的有向边的条数；顶点的出度 $OD(v_i)$ 是以 v_i 为始点的有向边的条数。顶点的度等于该顶点的入度和出度之和，即 $TD(v_i) =$

$ID(v_i)+OD(v_i)$。如图 $7-1$(b)中 v_2 的入度为 1,出度为 2。

可以证明,一个有 n 个顶点,e 条边或弧的图,满足如下关系:

$$2e = \sum_{i=1}^{n} TD(v_i)$$

4. 路径

在无向图中,若从顶点 v_i 出发有一组边可到达顶点 v_j,则称顶点 v_i 到顶点 v_j 的顶点序列为从顶点 v_i 到顶点 v_j 的路径。如图 $7-1$(a)中,顶点 1 到顶点 5 的路径为 v_1,v_2,v_5。若是有向图,则路径也是有向的,且 $<v_{ij-1},v_{ij}>\in E,1\leq j\leq m$。路径上边或弧的数目称为路径长度。如果路径的起点和终点相同,则称此路径为回路或环。

5. 权、网

有些图的边有时标上具有某种含义的数据信息,这些附带的数据信息称为权。权可以表示实际问题中从一个顶点到另一个顶点的距离、花费的代价、所需的时间等等。第 i 条边的权用符号 w_i 表示,带权的图也称作网络或网。如图 $7-1$(c)所示。

6. 子图

设有图 $G_1=(V_1,E_1)$ 和图 $G_2=(V_2,E_2)$,若 $V_2\subseteq V_1$,且 $E_2\subseteq E_1$,则称图 G_2 是图 G_1 的子图。

7. 连通图和连通分量

在无向图中,若从顶点 v_i 到顶点 v_j 有路径,则称顶点 v_i 和顶点 v_j 是连通的。如果图中任意一对顶点都是连通的,则称该图是连通图。非连通图的最大连通子图称作连通分量。图 $7-1$ 中的无向图 G_1 是连通图。

8. 强连通图、强连通分量

对于有向图来说,若图中任意一对顶点 v_i 和 $v_j(i\neq j)$ 均有从一个顶点 v_i 到另一个顶点 v_j 的路径,也有从 v_j 到顶点 v_i 的路径,则称该有向图是强连通图。有向图的极大强连通子图称为强连通分量。图 $7-1$ 中的有向图 G_2 就不是强连通图,图 $7-2$(c)是它的强连通分量。

7.2 图的存储方式

从图的定义可知,图的信息包括两部分,图中的顶点和描述顶点之间关系的边信息。图的存储结构有很多种,下面主要介绍基本的存储结构:邻接矩阵和邻接表。

7.2.1 邻接矩阵

邻接矩阵是表示顶点之间相邻关系的矩阵。设 $G=(V,E)$ 是具有 n 个顶点的图,顶点序号依次为 $1,2,\cdots,n$,则 G 的邻接矩阵 A 中的元素可以做如下的描述:

$$a_{ij}=\begin{cases}1 & 若(v_i,v_j)或<v_i,v_j>\in E \\ 0 & 反之\end{cases}$$

若 G 是网,则

$$a_{ij} = \begin{cases} W_{ij} \text{若}(v_i, v_j)\text{或}<v_i, v_j> \in E \\ 0 \text{ 或} \infty \text{ 反之} \end{cases}$$

W_{ij}表示边上的权值,∞代表一个计算机允许的、大于所有边上权值的正整数。

如图7-3表示的是有向图G_1、有向图G_2和网G_3的邻接矩阵。

$$M_1 = \begin{bmatrix} 0 & 1 & 0 & 0 & 0 \\ 1 & 0 & 1 & 1 & 1 \\ 0 & 1 & 0 & 0 & 1 \\ 0 & 1 & 0 & 0 & 0 \\ 0 & 1 & 1 & 0 & 0 \end{bmatrix} \quad M_2 = \begin{bmatrix} 0 & 1 & 1 & 0 \\ 0 & 0 & 1 & 1 \\ 0 & 0 & 0 & 0 \\ 0 & 1 & 0 & 0 \end{bmatrix} \quad M_3 = \begin{bmatrix} 0 & 3 & \infty & 5 \\ \infty & 0 & \infty & 9 \\ \infty & \infty & 0 & \infty \\ \infty & \infty & 6 & 0 \end{bmatrix}$$

(a) 无向图 G₂   (b) 有向图 G₂   (c) 网 G₃

图7-3 邻接矩阵

从图的邻接矩阵表示法中很容易看出图的一些特性,这种表示方法具有以下特点:

(1) 无向图的邻接矩阵一定是对称的,而有向图的邻接矩阵不一定对称。因此,用邻接矩阵来表示一个具有 n 个顶点的有向图时需要 n^2 个单元来存储邻接矩阵;对有 n 个顶点的无向图则只需存入上(下)三角形,故只需 $n(n+1)/2$ 个单元。

(2) 对于无向图,第 i 个顶点的度为邻接矩阵中第 i 行中"1"的个数或第 i 列中"1"的个数。图中边的数目等于矩阵中"1"的个数的一半;对于有向图,邻接矩阵的第 i 行(或第 i 列)非零元素的个数正好是第 i 个顶点的出度 $OD(v_i)$(或入度 $ID(v_i)$)。

(3) 用邻接矩阵表示图,很容易确定图中任意两个顶点是否有边相连。如果要用邻接矩阵来检测 G 中共有多少条边,则必须计算邻接矩阵(或上(下)三角形)中非零元素的个数,其时间复杂性为 $O(n^2)$。

用邻接矩阵表示图,除了存储用于表示顶点间相邻关系的邻接矩阵外,通常还需要用一个一维数组来存储顶点信息,无向图的存储形式描述如下:

```
#define  Vex_num  50     /* 最大顶点个数 */
typedef struct{
char   vexs[Vex_num];      /* 顶点信息用字符表示 */
int   arcs[Vex_num][Vex_num]; /* 邻接矩阵 */
   }Mgraph;
```

建立无向图的邻接矩阵算法描述如下:

【算法7.1】

```
Void creat_Mgraph(Mgraph * G,int e)
{
For(i=0;i<Vex_num;++i)
    Scanf("%c",&G->vexs[i]);/* 输入顶点信息 */.
For(i=0;i<Vex_num;++i)
    For (j=0;i<Vex_num;++j)
G->arcs[i][j]=0;
For(k=0;k<e;k++){
    Scanf("%d,%d",&i,&j);/* 输入表示边(vᵢ,vⱼ)的顶点序号i,j */
G->arcs[i][j]=1;G->arcs[j][i]=1;
```

```
    }
  }/ * creat_Mgraph * /
```

该算法的时间复杂度为 $O(n+n^2+e)$，其中 $O(n^2)$ 的时间耗费在邻接矩阵的初始化操作上。在一般情况下，$e \ll n^2$，所以，该算法的时间复杂度为 $O(n^2)$。

7.2.2　邻接表

图的邻接链表存储结构是一种顺序分配和链式分配相结合的存储结构。它包括两个部分:链表和向量。

在链表部分中共有 n 个链表(n 为顶点数)，即每个顶点对应一个链表，该链表中的结点代表它所属顶点的邻接点。每个链表由一个表头结点和若干个表结点组成。表头结点用来指示第 i 个顶点 v_i 所对应的链表;表结点由顶点域(vex)和链域(link)所组成。顶点域指示了与 v_i 相邻接的顶点的序号，所以一个表结点实际上代表了一条依附于 v_i 的边，链域指示了依附于 v_i 的下一条边的结点。因此，第 i 个链表就表示了依附于顶点 v_i 的所有的边。对于有向图来说，第 i 个链表就表示了从 v_i 发出的所有的弧。

邻接表的另一部分是用一维数组表示，用来存储 n 个顶点的信息。向量的下标指示了顶点的序号，这样就可以随机地访问任一个顶点的邻接链表。结点结构如图 7-4 所示。

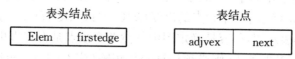

图 7-4　结点结构

在结点结构中，一种是表头结点结构，它由顶点域(vexdata)和指向第一条邻接边的指针域(firstarc)构成，另一种是表结点，它由邻接点域(adjvex)和指向下一条邻接边的指针域(next)构成。

图的邻接表存储结构描述如下:

结点类型定义如下:

```
#define MAX_VERTEX_NUM 30 //最大顶点个数
type struct EdgeLinklist{ / * 边结点 * /
int adjvex;
struct EdgeLinklist * next; / * 链域,指示下一条边或弧 * /
}EdgeLinklist;
typedef struct VexLinklist{ / * 顶点结点 * /
Elemtype elem;   / * 存放顶点信息 * /
EdgeLinklist * firstedge; / * 指示第一个邻接点 * /
}VexLinklist,AdjList[MAX_VERTEX_NUM];
```

例如，图 7-1 中无向图 G_1 的邻接表如图 7-5(a)所示，图 7-1 中有向图 G_2 的邻接表，如图 7-5(b)所示。

从上图 7-5 可知，图的邻接表存储表示的特点如下:

(1)无向图中顶点 v_i 的度为第 i 个单链表中的结点数。

(2)有向图中，顶点 v_i 的出度为第 i 个单链表中的结点个数，顶点 v_i 的入度为整个单

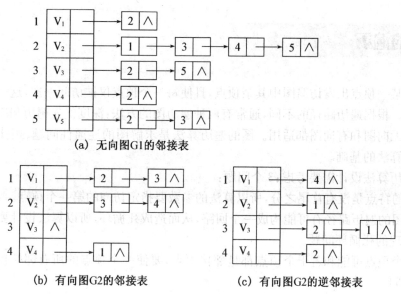

(a) 无向图G1的邻接表

(b) 有向图G2的邻接表   (c) 有向图G2的逆邻接表

图 7 - 5　邻接表

链表中邻接点域值是 i 的结点个数。

有时,为了便于确定顶点的入度或以顶点 v_i 为头的弧,可以建立一个有向图的逆邻接表,即对每个顶点 v_i 建立一个以 v_i 为头的弧的链表。如图 7-1 所示的有向图 G_2 的逆邻接表如图 7-5(c) 所示。

创建有向图邻接表算法如下:

【算法 7. 2】

```
void Create_adj(AdjList adj, int n)
{
for (i=0;i<n;i++){ / * 初始化顶点数组 * /
    scanf("%c",&adj[i]. elem);
    adj[i]. firstedge=NULL;
}
For (k=0;k<e;k++){
scanf("%d,%d",&i,&j); / * 输入弧<vi,vj>的顶点序号 i,j * /
    s=(EdgeLinklist * )malloc(sizeof(EdgeLinklist)); / * 创建新的弧结点 * /
    s->adjvex=j;
    s->next=adj[i]. firstedge; / * 将新的弧结点插入到相应的位置 * /
    adj[i]. firstegde=s;
    }
}
```

显然,上述算法的时间复杂度为 $O(n+e)$,e 为边数。

当图中顶点数目较小且边较多时,采用图的邻接矩阵存储结构效率较高;当图中顶点数目较大且边的数目远小于相同顶点的完全图的边数时,采用图的邻接表存储结构效率较高。

7.3 图的遍历

从图中某一顶点出发访遍图中其余顶点,且使每一个顶点仅被访问一次,这一过程就叫作图的遍历。根据遍历路径的不同,通常有两种遍历图的方法:深度优先遍历和广度优先遍历。它们对无向图和有向图都适用。图的遍历算法是求解图的连通性问题、拓扑排序和求关键路径等算法的基础。

图的遍历算法设计需要考虑:3 个问题:

(1) 图的特点是没有首尾之分,所以算法的参数要指定访问的第一个顶点。

(2) 对图的遍历路径有可能构成一个回路,从而造成死循环,所以算法设计要考虑遍历路径可能出现的死循环问题。

(3) 一个顶点可能和若干个顶点都是邻接顶点,要使一个顶点的所有邻接顶点按照某种次序被访问。

7.3.1 深度优先搜索遍历

深度优先遍历的思想类似于树的先序遍历。其遍历过程可以描述为:从图中某个顶点 v 出发,访问该顶点,然后依次从 v 的未被访问的邻接点出发继续深度优先遍历图中的其余顶点,直至图中所有与 v 有路径相通的顶点都被访问完为止。

假设给定图 G 的初始状态是所有顶点均未曾访问过,在 G 中任选一顶点 v_i 为初始出发点,则深度优先遍历可定义如下:首先访问出发点,并将其标记为已访问过,然后,依次从 v_i 出发遍历 v_i 的每一个邻接点,若 v_j 未曾访问过,则以 v_j 为新的出发点继续进行深度优先遍历,直至图中所有和 v_i 有路径相通的顶点都被访问到为止。因此,若 G 是连通图,则从初始出发点开始的遍历过程结束,也就意味着完成了对图 G 的遍历。

对于图 7-6 所示的无向连通图,若顶点 v_0 为初始访问的顶点,则深度优先遍历顶点访问顺序是:$v_0 \rightarrow v_1 \rightarrow v_2 \rightarrow v_5 \rightarrow v_4 \rightarrow v_3$。

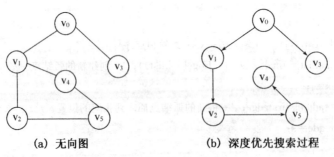

(a) 无向图　　　　　　　　　(b) 深度优先搜索过程

图 7-6　深度优先搜索遍历过程示例

连通图的深度优先遍历递归算法可描述为:

(1) 访问顶点 v_i 并标记顶点 v_i 为已访问。

(2) 查找顶点 v 的第一个邻接顶点 v_j。

（3）若顶点 v 的邻接顶点 v_j 存在，则继续执行，否则算法结束。

（4）若顶点 v_j 尚未被访问，则深度优先遍历递归访问顶点 v_j。

（5）查找顶点 v_i 的邻接顶点 v_j 的下一个邻接顶点，转到步骤（3）。

当寻找顶点 v_i 的邻接顶点 v_j 成功时继续进行，当寻找顶点 v_i 的邻接顶点 v_j 失败时回溯到上一次递归调用的地方继续进行。为了在遍历过程中便于区分顶点是否被访问，需附设访问标志数组 visited[ ]，其初值为 0，一旦某个顶点被访问，则其相应的分量置为 1。

以邻接矩阵和邻接表作为图的存储结构给出深度优先遍历的递归算法如下：

【算法 7.3】

```
void DFS1（MGraph MG，int i)
    {   int j;
        visited[i]=1;
        printf("%3c",MG. vexs[i]);
        for(j=1; j<=MG. vex_num; j++)
            if(! visited[j]&&MG. arcs[i][j]==1)
        DFS1（MG，j);
        }
void DFS2(AdjList G,int i)
    {   int j;
        EdgeLinklist * p;
        visited[i]=1;
        printf("%3c",G. vertices[i]. Elem);
        for(p=G. vertices[i]. firstedge;p;p=p->next)
        {j=p->adjvex;
            if(! visited[j])
        DFS2(G, j);   }
    }
```

算法分析：遍历图的过程实质是对每个顶点搜索邻接点的过程，具有 n 个顶点 e 条边的连通图，主要时间耗费在从该顶点出发遍历它的所有邻接点上。用邻接矩阵表示图时，遍历一个顶点的所有邻接点需花费 $O(n)$ 时间来检查矩阵相应行中所有的 n 个元素，故从 n 个顶点出发遍历所需的时间为 $O(n^2)$，即算法的时间复杂度为 $O(n^2)$；用邻接表表示图时，遍历 n 个顶点的所有邻接点即是对各边表结点扫描一遍，故算法 DFS2 的时间复杂度为 $O(n+e)$。算法 DFS1 和 DFS2 所用的辅助空间是标志数组和实现递归所用的栈，它们的空间复杂度为 $O(n)$。

7.3.2　广度优先搜索遍历

图的广度优先遍历算法是一个分层遍历的过程，和树的层序遍历算法类同，是从图的某一顶点 v_i 出发，访问此顶点后，依次访问 v_i 的各个未曾访问过的邻接点；然后分别从这些邻接点出发，直至图中所有已被访问的顶点的邻接点都被访问到；若此时图中尚有顶点未被访问，则另选图中一个未被访问的顶点作起点，重复上述过程，直至图中所有顶点都被访问为止。

对于图 7-6 所示的无向连通图,若顶点 v_0 为初始访问的顶点,则广度优先遍历顶点访问顺序是: $v_0 \rightarrow v_1 \rightarrow v_3 \rightarrow v_2 \rightarrow v_4 \rightarrow v_5$。遍历过程如图 7-7 所示

图的广度优先遍历算法需要一个队列以保持访问过的顶点的顺序,以便按顺序访问这些顶点邻接顶点。连通图的广度优先遍历算法描述为:

(1) 访问初始顶点 v 并标记顶点 v 为已访问。

(2) 顶点 v 入队列。

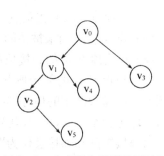

图 7-7 广度优先搜索遍历过程

(3) 当队列非空时则继续执行,否则算法结束。

(4) 出队列取得队头顶点 u。

(5) 查找顶点 u 的第一个邻接顶点 w。

(6) 若顶点 u 的邻接顶点 w 不存在,则转到步骤(3),否则执行后序语句:

① 若顶点 w 尚未被访问,则访问顶点 w 并标记顶点 w 为已访问;

② 顶点 w 入队列;

③ 查找顶点 u 的邻接顶点 w 后的下一个邻接顶点,转到步骤(6)。

以邻接矩阵为图的存储结构的广度优先遍历的非递归算法源代码如下:

【算法 7.4】

```
void BFS1(Mgraph G,int k)
{ int i,j;
  int visited[Vex_num];
  SqQueue q;
  initqueue(&q);
  printf("visit vertex:V%d\n", G->vexs[k]);
  visited[k]=1;
  Enqueue(&q,k);
while(! QueueEmpty(&q))
  {
  i=Dequeue(&q);
  for(j=0; j<vex_num; j++)
    if(G->arcs[i][j]==1&&(! visited[j]))
    {
      printf("visit vertex :V%d \n",G->vexs[j]);
      visited[j]=1;
        Enqueue(&q,j);
    }
  }
}
```

以邻接表为图的存储结构的广度优先遍历的非递归算法代码如下:

【算法 7.5】

```
void BFS2(int v)
/ * v 是表头结点的下标 * /
```

```
{ EdgeLinklist * ptr;
    int v1 , w;
    printf(" %d \n", v);        / *  输出该顶点  * /
    visited[v] =1；              / * 标志置为 1 * /
    enqueue(v);                 / * 将该顶点入队尾  * /
    while((v1 =dequeue()!  =EOF)
    { / * 循环使属于同一层顶点的相邻顶点依次出队  * /
            ptr=list[v1]. firstedge; / * 取出该顶点的第一个相邻顶点地址  * /
            while(ptr!  =NULL)        / * 循环依次访问各相邻顶点  * /
              {
                w=ptr->adjtex; / *  取出该顶点的序号  * /
                ptr=ptr->next;/ *   取出下一个相邻顶点的地址以备访问 * /
              if(visited [w]==0)
              {
                printf("%d \n", w);
                visited[w]=1;
                enqueue(w);
                }
            }
        }
    }
```

算法分析：对于具有 n 个顶点和 e 条边的连通图，因为每个顶点均入队一次，所以两个算法的外循环（while 语句）执行次数为 n。算法 $BFS1$ 的内循环（for 语句）执行 n 次，故算法 $BFS1$ 的时间复杂度为 $O(n^2)$；算法 $BFS2$ 的内循环（for 语句）执行次数取决于各顶点的边表结点个数，内循环执行的总次数是边表结点的总个数 $2e$，故算法 $BFS2$ 的时间复杂度是 $O(n+e)$。算法 $BFS1$ 和 $BFS2$ 所用的辅助空间是队列和标志数组，故它们的空间复杂度为 $O(n)$。

对于连通图，从图的任意一个顶点开始深度或广度优先遍历一定可以访问图中的所有顶点，但对于非连通图，从图的任意一个顶点开始深度或广度优先遍历并不能访问图中的所有顶点。对于非连通图，从图的任意一个顶点开始深度或广度优先遍历只能访问和初始顶点连通的所有顶点。

7.4　图的生成树和最小生成树

7.4.1　生成树

设 $G=(V,E)$ 是一个连通图。当从连通图任一顶点出发遍历图 G 时，将边集 $E(G)$ 分成两个集合 $A(G)$ 和 $B(G)$。其中 $A(G)$ 是遍历图时所经过的边的集合，$B(G)$ 是遍历图时未经过的边的集合。显然，$G_1=(V,A)$ 是图 G 的子图。所以称子图 G_1 是连通图 G 的生成树。

按照不同的生成顺序可分为深度优先生成树与广度优先生成树。例如图 7-6(a)无向图的生成树如图 7-8 所示。

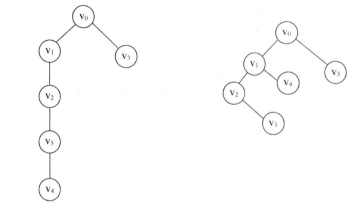

(a) 深度优先搜索遍历过程　　　　　(b) 广度优先搜索遍历过程

图 7-8　生成树

对于有 n 个顶点的连通图的生成树是原图的极小连通子图,它包含原图中的所有 n 个顶点,至少有 $n-1$ 条边。若在图 G 的生成树中任意加一条属于边集 $B(G)$ 中的边,则必然形成回路。

非连通图每个连通分量的生成树一起组成非连通图的生成森林。其中,一个图可以有许多棵不同的生成树,

7.4.2　最小生成树

如果连通图是一个网络,称该网络中所有生成树中权值总和最小的生成树为最小生成树(也称最小代价生成树)。

求网络的最小生成树是具有重大实际意义的问题。例如要在 n 个城市之间铺设光缆,铺设光缆的费用很高,且各个城市之间铺设光缆的费用不同。一个目标是要使这 n 个城市的任意两个之间都可以直接或间接通信,另一个目标是要使铺设光缆的总费用最低。解决这个问题的方法就是在由 n 个城市顶点、$(n-1)!$ 条不同费用的边构成的无向连通图中找出最小生成树,该最小生成树的方案就可以达到既能使这 n 个城市的任意两个之间都可以直接或间接通信的目标,又能使铺设光缆的总费用最低的目标。

从最小生成树的定义可知,构造有 n 个顶点的无向连通带权图的最小生成树必须满足以下 3 个条件:

(1) 构造的最小生成树必须包括 n 个顶点;

(2) 构造的最小生成树中有且只有 $n-1$ 条边;

(3) 构造的最小生成树中不存在回路。

构造最小生成树的方法很多,其中大多数算法都利用了称之为 MST 的性质。所谓MST 性质,即设 $G=(V,E)$ 是一个连通图,$T=(U,TE)$ 是正在构造的最小生成树。若边 (u,v) 是 G 中所有一端在 U 中(即 $u\in U$),而另一端在 $V-U$ 中(即 $v\in V-U$)中的具有最

小权值的一条边,则一定存在一棵包含边(u,v)的最小生成树。

典型的构造方法有两种,一种称为普里姆(Prim)算法,另一种称为克鲁斯卡尔(Kruskal)算法。

7.4.3 普里姆算法

普里姆算法思想:假设$G=(V,E)$是连通网,$T=(U,TE)$为欲构造的最小生成树。初始化$U=\{u_0\}$,$TE=\Phi$。重复下述操作:在所有$u\in U,v\in V-U$的边$(u,v)\in E$中,选择一条权最小的边(u,v)并入TE,同时将v并入U,直到$U=V$为止。这时产生的TE中具有$n-1$条边,容易看出,上述过程求得的$T=(U,TE)$是G的一棵最小生成树。

可取图中任意一个顶点v_i作为生成树的根,之后若要往生成树上添加顶点v_j,则在顶点v和顶点v_j之间必定存在一条边,并且该边的权值在所有连通顶点v和v_j之间的边中取值最小。

图7-9所示是一个有7个顶点10条无向边的带权图,图7-10给出了用普里姆算法构造最小生成树的过程。初始时算法的集合$U=\{v_1\}$,集合$V-U=\{v_2,v_3,v_4,v_5,v_6,v_7\}$,$T=\{\}$,如图7-10(b)所示;在所有$u$为集合$U$中顶点,$v$为集合$V-U$中顶点的边$(u,v)$中寻找具有最小权值的边$(u,v)$,寻找到的是边$(v_1,v_2)$,权为6,把顶点$v_2$从集合$V-U$加入到集合$U$中,把

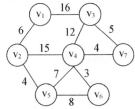

图7-9 网络

边(v_1,v_2)加入到T中,如图7-10(c)所示;在所有u为集合U中顶点,v为集合$V-U$中顶点的边(u,v)中寻找具有最小权值的边是边(v_2,v_5),权为4,把顶点v_5从集合$V-U$加入到集合U中,把边(v_5,v_4)加入到T中,如图7-10(d)所示;随后依次从集合$V-U$加入到集合U中的顶点为v_4,v_6,v_7,v_3,最后得到的图7-10(g)就是原带权连通图的最小生成树。

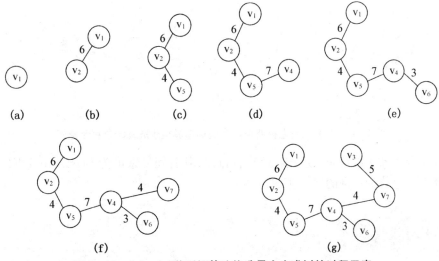

(a)　　　　(b)　　　　(c)　　　　(d)　　　　(e)

　　　　(f)　　　　　　　　　(g)

图7-10 (a)—(g)普利姆算法构造最小生成树的过程示意

Prim算法的时间复杂度是$O(n^2)$,Prim算法的运算量与网的边数有关,因此适合于求边稠密的网的最小生成树。

7.4.4 克鲁斯卡尔算法

克鲁斯卡尔算法是一种按照带权图中边的权值的递增顺序构造最小生成树的方法。克鲁斯卡尔基本的思想是：设无向连通带权图 $G=(V,E)$，其中 V 为顶点的集合，E 为边的集合。设带权图 G 的最小生成树 T 由顶点集合和边的集合构成，其初值为 $T=(V,\{\})$，即初始时最小生成树 T 只由带权图 G 中的顶点集合组成，各顶点之间没有一条边。这样，最小生成树 T 中的各个顶点各自构成一个连通分量。然后，按照边的权值递增的顺序考察带权图 G 中的边集 E 中的各条边，若被考察的边的两个顶点属于 T 中两个不同的连通分量，则将此边加入到最小生成树 T，同时把两个连通分量连接为一个连通分量；若被考察的边的两个顶点属于 T 的同一个连通分量，则将此边舍去。以此类推，当 T 中的连通分量个数为 l 时，T 中的该连通分量即为带权图 G 的一棵最小生成树。

对于图 7-9 所示的无向连通带权图，按照克鲁斯卡尔算法构造最小生成树的过程如图 7-11(a)～(f)所示。根据克鲁斯卡尔算法构造最小生成树的方法，按照带权图 G 中边的权值从小到大的顺序，反复选择当前尚未被选取的边集合中权值最小的边加入到最小生成树中，直到带权图中所有顶点都加入到最小生成树中为止。如图 7-11(g)所示为所构造的最小生成树。

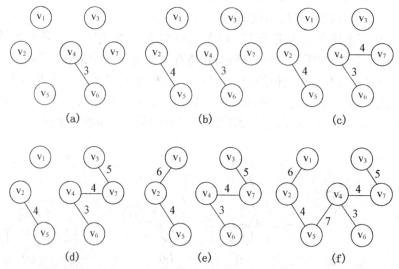

图 7-11 (a)—(f)克鲁斯卡尔算法构造最小生成树的过程示意图

克鲁斯卡尔算法需对 e 条边按权值进行排序，其时间复杂度为 $O(e\log_2 e)$，克鲁斯卡尔算法适合于求边数少的网的最小生成树。

7.5 最短路径

图的最常用的应用之一是在交通运输和通信网络中寻求最短路径。如交通网络可以画成带权的图，图中顶点表示城市，边代表城市间的公路，边上的权表示公路的长度。对于这样的交通网络常常提出这样的问题:两地之间是否有公路可通?在有几条路可通的情况下,哪一条路最短?以上提出的问题就是在带权图中求最短路径问题,此时路径的长度不是路径上边的数目,而是路径上的边所带权值的总和。

在一个带权图中,若从一个顶点到另一个顶点存在着一条路径,则称该路径上所经过边的权值之和为该路径上的带权路径长度。带权图中从一个顶点到另一个顶点可能存在着多条路径,把带权路径长度值最小的那条路径也叫作最短路径,其带权路径长度也叫作最短路径长度或最短距离。

带权图分无向带权图和有向带权图,但如从 A 城到 B 城有一条公路,A 城的海拔高于 B 城,若考虑到上坡和下坡的车速不同,则边<A,B>和边<B,A>上表示行驶时间的权值也不同,即<A,B>和<B,A>应该是两条不同的边,考虑到交通网络的这种有向性,本节只讨论有向网络的最短路径问题,并假定所有的权为非负实数。习惯上称路径开始顶点为源点,路径的最后一个顶点为终点。

7.5.1 某源点到其余顶点之间的最短路径

对于从有向带权图中一个确定顶点(称为源点)到其余各顶点的最短路径问题,迪杰斯特拉(Dijkstra)提出了一个按路径长度递增的顺序逐步产生最短路径的构造算法。此方法的基本思想是:把图中所有的顶点分成两组,第一组包括已确定最短路径的顶点,第二组包括尚未确定最短路径的顶点,按最短路径长度递增的顺序逐个把第二组的顶点加到第一组中去,直至从 v_1 出发可以到达的所有顶点都包括在第一组中。在这个过程中,总保持从 v_1 到第一组各顶点的最短路程长度,都不大于从 v_1 到第二组的任何顶点的最短路径长度。另外,每一个顶点对应一个距离值,第一组的顶点对应的距离值就是从 v_1 到此顶点的只包括第一组的顶点为中间顶点的最短路径长度。

具体的做法是:一开始第一组只包括顶点 v_1,第二组包括其他所有顶点,v_1 对应的距离值为 0,第二组的顶点对应的距离值是这样确定的:若图中有边<v_1,v_j>,则 v_j 的距离为此边所带的权值,否则 v_j 的距离值为一个很大的数(大于所有顶点间的路径长度),然后每次从第二组的顶点中选一个其距离值为最小的 v_k 加入到第一组中。每往第一组加入一个顶点 v_k,就要对第二组的各个顶点的距离值进行一次修正。若加进 v_k 做中间顶点,使从 v_1 到 v_j 的最短路径比不加 v_k 的路径为短,则要修改 v_j 的距离值。修改后再选距离最小的顶点加入到第一组中。如此进行下去,直到图中所有顶点都包括在第一组中,或再也没有可加入到第一组中的顶点存在为止。

假设有向图 G 的 n 个顶点为 0 到 $n-1$,并用邻接矩阵表示,在算法中设置三个数组 $S[n]$、$dist[n]$、$pre[n]$。S 用以标记那些已经找到最短路径的顶点,若 $S[i]=1$,则表示已经找到源点到顶点 i 的最短路径,若 $S[i]=0$,则表示从源点到顶点 i 的最短路径尚未求得。$dist[i]$ 用来记录源点到顶点 i 的最短路径。$pre[i]$ 表示从源点到顶点 i 的最短路径上该点的前趋顶点,若从源点到该顶点无路径,则用 -1 作为其前一个顶点序号。

算法描述如下:

【算法 7.6】

void Dijkstra(Mgraph Gn, int v_0)

/ * 求源点 v_0 到其余顶点的最短路径及其长度 * /

{

for (i=0；i<n；i++) {/ * 初始化 s,dist path * /

s[i]=0；dist[i]=Gn. arcs[v_0][i];

if (dist[i]<max) pre[i]=v_0；else pre[i]=−1；

}

pre[v_0]=−1；

S[v_0]=1；/ * 源点 v 并入第一组 * /

for (i=1；i<n−1；i++) { / * 扩充第一组 * /

min=max；

for (j=0；j<n；j++)

if (! S[j] && (dist[j]<min)) {min=dist[j]；k=j；}

S[k]=1；/ * 将 k+1 加入第一组 * /

for (j=0；j<n；j++)

if (! S[j] && (dist[j]> min+Gn. arcs[k][j])) / * 修正第二组各顶点的距离值 * /

{dist[j]=dist[k]+Gn. arcs[k][j]}；pre[j]=k；}

} / * 所有顶点均已扩充到 S 中 * /

for (i=0；i<n；j++) { / * 打印结果 * /

if (dist[i]<max&&i! =0{

printf("v%d< −−",i);

next=p[i];

while(next! =v_0) { / * 继续找前趋顶点 * /

printf("v%d< −−",next};

next=p[next];

    }

    Printf("v%d；%d\n",v_0,d[i]);

        }

Else

If(i! =vo)printf("v%d ← v%d；no：path\n",i,v_0)

}/ * Dijkstra * /

[例 7−1]　如图 7−12 所示为一个有向图的带权图及其邻接矩阵。

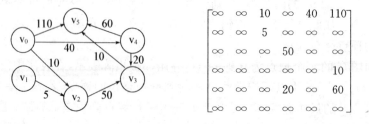

图 7−12

若对图施行 Dijkstra 算法,则所得从到其余各顶点的最短路径,以及运算过程中数组 D 和数组 P 的变化情况,如表 7−1 所示。

表7-1 最短路径的求解过程

循环	选择 v	s[0]···s[5]						dist[0]···dist[5]						pre[0]···pre[5]					
初始	—	1	0	0	0	0	0	0	∞	10	∞	40	110	−1	−1	0	−1	0	0
1	2	1	0	1	0	0	0	0	∞	10	60	40	110	−1	−1	0	2	0	0
2	4	1	0	1	0	1	0	0	∞	10	60	40	100	−1	−1	0	2	0	4
3	3	1	0	1	1	1	0	0	∞	10	60	40	70	−1	−1	0	2	0	3
4	5	1	0	1	1	1	1	0	∞	10	60	40	70	−1	−1	0	2	0	3
5	—	1	0	1	1	1	1	0	∞	10	60	40	70	−1	−1	0	2	0	3

因此，最后输出结果为：

$v_1 <--v_0$: no path

$v_2 <--v_0$: 10

$v_3 <-- v_4 <--v_0$: 60

$v_4 <--v_0$: 40

$v_5 <--v_3 <--v_2 <--v_0$: 70

分析迪杰斯特拉算法，可以看出其时间复杂度为 $O(n^2)$。

7.5.2 有向图中每一对顶点之间的最短路径

对于给定的有向网 $G=(V,E)$，要对 G 中任意两个顶点 $u,v(u \neq v)$，找出 u 到 v 的最短路径。可以利用 Dijkstra 算法. 把每个顶点作为源点重复执行 n 次即可求出有 n 个顶点的有向网 G 中每对顶点间的最短路径，但时间复杂度为 $O(n^3)$。

弗洛伊德(Floyed)提出了另一种算法，称为弗洛伊德算法。这种算法仍用邻接矩阵 cost 表示带权有向图。如果从 v_i 到 v_j 有弧，则从 v_i 到 v_j 存在一条长度为 cost[i][j] 的路径，该路径不一定是最短路径，需要进行 n 次试探。首先考虑路径 (v_i,v_l,v_j) 是否存在(即判别弧 $<v_i,v_l>$ 和 $<v_l,v_j>$ 是否存在)，如果存在，则比较 $<v_i,v_l>$ 和 $<v_l,v_j>$ 的路径长度，取较短者为从 v_i 到 v_j 的中间顶点序号不大于1的最短路径。在路径上再增加一个顶点 v_2，若 $(v_i,\cdots,v_2)$ 和 $(v_2\cdots,v_j)$ 分别是当前找到的中间顶点序号不大于1的最短路径，则 $(v_i,\cdots,v_2,\cdots,v_j)$ 就有可能是从 v_i 到 v_j 的中间顶点的序号不大于2的最短路径。将它和已经得到从 v_i 到 v_j 中间顶点序号不大于1的最短路径相比较，从中选出长度较短者作为从 v_i 到 v_j 中间顶点序号不大于2的最短路径之后，再增加一个顶点 v_3，继续进行试探，依次类推。在一般情况下，若 $(v_i,\cdots,v_k)$ 和 $(v_k,\cdots,v_j)$ 分别是从 v_i 到 v_k 和从 v_k 到 v_j 的中间顶点序号不大于 $k-1$ 的最短路径，则将 $(v_i,\cdots,v_k,\cdots,v_j)$ 和已经得到的 v_i 到 v_j 且中间顶点序号不大于 $k-1$ 的最短路径相比较，取其长度较短者作为从 v_i 到 v_j 的中间顶点序号不大于 k 的最短路径。如此重复，经过 n 次比较，最后求得的必是从 v_i 到 v_j 的最短路径。用此方法，可同时求得每对顶点间的最短路径。

综上所述，弗洛伊德算法的基本思想是递推地产生一个阶矩阵序列：$A^0,A^1,\cdots A^k,\cdots A^n$。其中：

$$A^0[i][j]=cost[i][j]$$
$$A^k[i][j]=\min\{ A^{(k-1)}[i][j], A^{(k-1)}[i][k]+A^{(k-1)}[k][j] \} \quad (1 \leqslant k \leqslant n)$$

由上述公式可以看出，$A^1[i][j]$ 是 v_i 从 v_j 到中间顶点序号不大于 1 的最短路径长度；$A^k[i][j]$ 是从 v_i 到 v_j 中间顶点序号不大于 k 的最短路径长度；$A^n[i][j]$ 是从 v_i 到 v_j 的最短路径长度。还设置一个矩阵 path，path$[i][j]$ 是从 v_i 到 v_j 中间顶点序号不大于 k 有最短路径上 v_i 的后一个邻接顶点的序号，约定若 v_i 到 v_j 无路径时 path$[i][j]=0$。由 path$[i][j]$ 的值，可以得到从 v_i 到 v_j 的最短路径。算法描述如下：

【算法 7.7】

```
void Floyd(float A[ ][n], cost[ ][n]);
/*A 是路径长度矩阵，cost 是有向网 G，max＝32767 代表一个很大的数 */
{for (i=0; i<n; i++) /*设置 A 和 path 的初值 */
    for (j=0; j<n; j++) {
        if(cost[i][j]<max) p[i][j]=j; /*j 是 i 的后继 */
            else {p[i][j]=0; A[i][j]=cost[i][j]; }
}
for (k=0; k<n; k++)
/*做 n 次迭代，每次均试图将顶点 k 扩充到当前求得的从 i 到 j 的最短路径上 */
    for (i=0; i<n; i++)
        for (j=0; j<n; j++)
            if (A[i][j]>(A[i][k]+A[k][j])) /*修改长度和路径 */
            {A[i][j]=A[i][k]+A[k][j]; p[i][j]=p[i][k]; }
    for (i=0; i<n; i++) /*输出所有顶点对 i，j 之间的最短路径的长度及路径 */
    for (j=0; j<n; j++) {
    printf("%f",A[i][j]); /*输出最短路径的长度 */
        next=p[i][j]; /*next 为起点 i 的后继顶点 */
        if (next==0) /*i 无后继表示最短路径不存在 */
    printf("%d to %d no path. \n",i+1,j+1)
    else { /*最短路径存在 */
        printf("%d",i+1);
        while (next! =j+1) /*打印后继顶点，然后寻找下一个后继顶点 */
            {printf("-- >%d",next); next=p[next-1][j]; }
        printf("-- >%d\n",j+1);
        }/*else*/ /*打印终点 */
    }/*for*/
}/*Floyd*/
```

[例 7-2] 对于图 7-13 所示的有向带权图 G，由 Floyed 算法产生的两个矩阵序列如图 7-14 所示。

$$cost=\begin{bmatrix} 0 & 10 & 11 & \infty \\ 4 & 0 & 4 & 2 \\ 5 & \infty & 0 & \infty \\ \infty & \infty & 1 & 0 \end{bmatrix}$$

(a) 有向带权图 G   (b) 图 G 的邻接矩隈

图 7-13　有向图及邻接矩阵

$$A^{(0)} = \begin{bmatrix} 0 & 10 & 11 & \infty \\ 4 & 0 & 4 & 2 \\ 5 & \infty & 0 & \infty \\ \infty & \infty & 1 & 0 \end{bmatrix} \qquad P^{(0)} = \begin{bmatrix} 0 & 2 & 3 & 0 \\ 1 & 0 & 3 & 4 \\ 1 & 0 & 0 & 0 \\ 0 & 0 & 3 & 0 \end{bmatrix}$$

$$A^{(1)} = \begin{bmatrix} 0 & 10 & 11 & \infty \\ 4 & 0 & 4 & 2 \\ 5 & 15 & 0 & \infty \\ \infty & \infty & 1 & 0 \end{bmatrix} \qquad P^{(1)} = \begin{bmatrix} 0 & 2 & 3 & 0 \\ 1 & 0 & 3 & 4 \\ 1 & 1 & 0 & 0 \\ 0 & 0 & 3 & 0 \end{bmatrix}$$

$$A^{(2)} = \begin{bmatrix} 0 & 10 & 11 & 12 \\ 4 & 0 & 4 & 2 \\ 5 & 15 & 0 & 17 \\ \infty & \infty & 1 & 0 \end{bmatrix} \qquad P^{(2)} = \begin{bmatrix} 0 & 2 & 3 & 2 \\ 1 & 0 & 3 & 4 \\ 1 & 1 & 0 & 1 \\ 0 & 0 & 3 & 0 \end{bmatrix}$$

$$A^{(3)} = \begin{bmatrix} 0 & 10 & 11 & 12 \\ 4 & 0 & 4 & 2 \\ 5 & 15 & 0 & 17 \\ 6 & 16 & 1 & 0 \end{bmatrix} \qquad P^{(3)} = \begin{bmatrix} 0 & 2 & 3 & 2 \\ 1 & 0 & 3 & 4 \\ 1 & 1 & 0 & 1 \\ 3 & 3 & 3 & 0 \end{bmatrix}$$

$$A^{(4)} = \begin{bmatrix} 0 & 10 & 11 & 12 \\ 4 & 0 & 3 & 2 \\ 5 & 15 & 0 & 17 \\ 6 & 15 & 1 & 0 \end{bmatrix} \qquad P^{(4)} = \begin{bmatrix} 0 & 2 & 3 & 2 \\ 1 & 0 & 4 & 4 \\ 1 & 1 & 0 & 2 \\ 3 & 3 & 3 & 0 \end{bmatrix}$$

图 7 - 14 求每对顶点间的最短路径时矩阵 A、P 执行变化情况

弗洛伊德算法的运算量主要是一个三重循环,故其时间复杂度为 $O(n^3)$。这与循环调用 Djkstra 算法的时间复杂度是相同的。

7.6 有向无环图及其应用

7.6.1 拓扑排序

在实际工作中,经常用有向图来表示产品的生产流程、工程的施工流程或是某项具体活动的流程图。一个大的工程往往被划分成若干个子工程。这些子工程称为"活动"。若这些子工程能顺利完成,那么整个工程也就完成了。一般情况下,在有向图中,若以图中的顶点来表示活动,有向边表示活动之间的优先关系,则这样的有向图称为 AOV(Activity On Vertex network)网。在 AOV 网中,若从顶点 v_i 到顶点 v_j 之间存在一条有向路径,称顶点 v_i 是顶点 v_j 的前趋,或者称顶点 v_j 是顶点 v_i 的后继。若 $<v_i, v_j>$ 是图中的弧,则称顶点 v_i 是顶点 v_j 的直接前趋,顶点 v_j 是顶点 v_i 的直接后继。

[例 7 - 3] 假设计算机专业学生要修完课程才能毕业,此时"工程"就是学生毕业(修完教学计划规定的课程),而"活动"就是学习一门课程。如表 7 - 2 所示是各课程及相互之

间的关系。在这些课程中,有些课程是基础课,不需要先学习其他课程,如"高等数学";而有些课程则是在先学习了先修课之后才能学习,例如"数据结构"课必须在学习了"C程序设计语言之后才能学习。即某课程的先修课程是学习该课程的先决条件。

表 7-2　各课程及其课程之间的关系

课程代号	课程名称	先行课程
C_1	高等数学	无
C_2	大学物理	C_1
C_3	C程序程序设计	无
C_4	汇编语言	C_3
C_5	数据结构	C_1, C_3
C_6	计算机原理	C_2
C_7	编译原理	C_4, C_5
C_8	计算机网络	C_5, C_6

上述先决条件定义了课程之间的先后关系。这种关系可用图 7-15 所示的有向图来表示。其中顶点表示课程,有向边表示先决条件。当某两门课程间存在先后关系时,才有弧相连。图 7-15 即上述课程的 AOV 网。

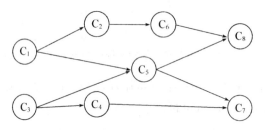

图 7-15　课程间关系的 AOV 网

在图 7-15 中,C_1 是 C_2 的直接前趋;C_8 是 C_6 的直接后继;C_4 和 C_5 是 C_7 的前趋,可见,在 AOV 网中弧所表示的优先关系具有传递性。

在 AOV 网中不应出现有向回路。若存在回路,则说明某项"活动"的完成是以自身任务的完成为先决条件的。显然,这样的活动是不可能完成的。若要检查一个"工程"是否可行,首先就要看它对应的 AOV 网是否存在回路。检查 AOV 网中是否存在回路的方法就是拓扑排序。

对于一个 AOV 网,通常要将它的所有顶点排成一个满足下述关系的线性序列:v_1,$v_2, \cdots, v_n$。在 AOV 网中,若从 v_i 到 v_j 有一条路径,则在该序列中 v_i 必存 v_j 的前面。也就是说,对于一个 AOV 网,构造其所有顶点的线性序列,使此序列不仅保持网中各顶点间原有的先后关系,而且使原来没有先后关系的顶点也人为地建立起先后关系。这样的线性序列即称为拓扑序列。构造 AOV 网的拓扑序列的操作称为拓扑排序。

对图 7-15 的 AOV 网进行拓扑排序,可以得到两个拓扑有序序列:

$C_1, C_2, C_3, C_4, C_5, C_6, C_7, C_8$ 和 $C_1, C_3, C_2, C_4, C_5, C_6, C_7, C_8$

因此，一个 AOV 网的拓扑序列不唯一。

对 AOV 网进行拓扑排序的方法和步骤如下：

（1）在网中选择没有前趋（即入度为 0）的顶点且输出。

（2）从网中删去该顶点，并且删去从该顶点出发的所有边（即该顶点的所有直接后继顶点的入度都减 1）。

（3）重复以上两步，直到网中不存在度为 0 的顶点为止。

这种操作的结果有两种：一种是网中全部顶点均被输出，说明网中不存在回路；另一种情况就是未输出网中所有顶点，网中剩余顶点均有前趋，这就说明网中存在有向回路。

当用计算机进行拓扑排序时，首先需要解决 AOV 网的拓扑排序问题，可以选用邻接表作为网的存储结构。为便于查询每个顶点的入度，我们在顶点表中增加一个入度域 id，以表示各个顶点当前的入度值。每个顶点入度域的值可以随邻接表动态生成的过程中累加得到。

在算法中，第一步找入度为 0 的顶点只需扫描顶点的入度域即可。但为了避免在每次找入度为 0 的顶点时，都对顶点进行重复扫描。我们可以设一个链栈来存储入度为 0 的顶点，在进行拓扑排序之前，只要对顶点表扫描一次，将所有入度为 0 的顶点压入栈中. 以后每次选入度为 0 的顶点都可以直接从栈中取。而当删去某些边而产生了新的入度为 0 的顶点时，也将其压入栈中。算法的第二步是删去已输出的入度为 0 的顶点以及所有该顶点发出的边，也就是使该顶点的所有直接后继顶点的入度均减 l。在邻接表上就是把该顶点所连接的边列中的所有顶点的入度均减 1。

值得注意的是，在算法具体实现时，链栈无须占用额外的存储空间，而是利用顶点表中值为 0 的 id 域来存放链栈的指针（用下标值模拟）。利用顶点表中的顶点 vertex 来作为链栈的顶点域。下面给出拓扑排序的类型定义及具体算法。

【算法 7.8】

```
typedef int datatype;
typedef int vextype;
typedef struct arcnode
    {
        int adjvex;
        struct node * nextarc;
}arcnode;      /*边表节点*/
 typedef struct
{
        vextype vertex;          /*顶点信息*/
        int id;      /*入度*/
arcnode * firstarc;       /*边表头指针*/
}vnode; /*顶点表节点*/
vnode dig[N];  /*全程量邻接表*/
TOPOSORT(vnode  dig[n])   /*AOV网的邻接表*/
{
int  i, j, k, m=0, top=-1; /*m为输出顶点个数计数器,top为栈顶指针*/
```

```
arcnode * p;
for(i=0; i<n; i++)          /* 建立入度为 0 的顶点链栈 */
        if(dig[i]. id==0)
        {
        dig[i]. id=top;
        top=i;
          }
while (top! =-1)              /* 栈非空 */
{
        j=top;
        top=dig[top]. id;      /* 栈顶元素退栈 */
        printf("%d \n", dig[j]. vertex);   /* 输出退栈顶点 */
        m++;                 /* 输出顶点计数 */
        p=dig[i]. firstarc;     /* * p 指向刚输出的顶点的边表节点 */
        while (p)             /* 删去所有该顶点发出的弧 */
            {k=p->adjvex;
            dig[j]. id--;
            if (dig[k]. id==0)        /* 将新产生的入度为 0 的顶点入栈 */
              {
                dig[k]. id=top;
                top=k;
              }
            p=p->nextarc;       /* 找下一条邻接的边 */
        }
    }
if (m<n)
    printf("\n the network has a cycle\n");
}  /* TOPOSORT */
```

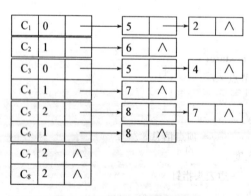

图 7-16 图 7-15 的邻接表

如果图 7-15 的邻接矩阵如图 7-16 所示,根据上述算法得到的拓扑序列为:C_3,C_4, C_1,C_2,C_6,C_5,C_7,C_8

分析上述算法,设 AOV 网有 n 个顶点和 e 条边,初始建立入度为 0 的顶点栈,检查所有顶点一次,执行时间为 $O(n)$;排序中,若 AOV 网无回路,则每个顶点入、出栈各一次,每个边表节点被检查一次,执行时间是 $O(n+e)$。所以总的时间复杂度为 $O(n+e)$。

7.6.2　关键路径

若在带权有向图中,用顶点表示事件,有向边表示活动,边上的权值表示该活动所需的时间,则此带权有向图称为用边表示"活动"的网(activity on edge network)简称 AOE 网。

对于一项工程,可以将其表示成一个 AOV 网。通过对其进行拓扑排序即可得到一种或几种可行的方案。而对于一项工程,若想计算完成整个工程需要多少天以及哪些活动是影响工程进度的关键时,可以通过 AOE 网来解决这类问题。

用 AOE 网表示一项工程的施工计划时,顶点表示的事件实际上就是某些活动已经完成或另一些活动可以开始的标志。具体地说,顶点所表示的事件实际上就是它的进入边所表示的活动均已完成以及它的出发边所表示的活动均可以开始的一种状态。例如,图 7-17 所示是一个表示 13 项活动的假想工程的 AOE 网。网中共有 10 个顶点,分别表示 10 个事件。边上的权值表示要完成该边表示的活动所需要的时间,如图 7-17 所示活动 a_1 计划需要 7 天的时间完成。

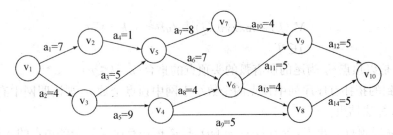

图 7-17　某工程的 AOE 网

对于一项实际的工程而言,一般有一个开始状态和一个结束状态。因此表示实际工程计划的 AOE 网中应该有一个开始点,其入度为 0,称为源点,如图 7-17 中的顶点 1;也应该有结束点,其出度为 0,称为汇点,如图 7-17 中的顶点 10。并且网中不能存在回路,否则整个工程是无法完成的。正如前而提到的一样,对于 AOE 网,应关心如下两个问题:(1) 完成该项工程至少需要多少时间。(2) 哪些活动是影响工程进度的关键。

由于在 AOE 网中,有些活动时可以并行完成的,所以完成整个工程的最短时间应该是从源点到汇点的最长路径长度。这里所说的路径长度指的是边上的权值之和。我们把从源点到汇点的最长路经长度称为关键路径。关键路径上的活动称为关键活动。若任何一项关键活动没有如期完成,则整个工程的工期就会受到影响;相反,若缩短关键活动的工期通常可以缩短整个工程的工期。

为了寻找关键活动,确定关键路径,结合图 7-16,我们先定义几个变量。事件 v_j 可能的最早发生时间 $v_e(j)$ 是从开始顶点 v_1 到顶点 v_j 的最长路径长度。因为事件 v_j 的发生表明了以 v_j 为起点的各条出边表示的活动可以立即开始,所以事件 v_j 的最早发生时间 $v_e(j)$ 也是所有以为 v_j 起点的出边 $<v_j,v_k>$ 所表示的活动 a_i 的最早开始的时间 $e(i)$,即 $v_e(j)=e(i)$。在不推迟工期的前提下,一个事件 v_k 允许的最迟发生时间 $v_l(k)$ 应该等于完成顶点

v_n 的最早发生时间 $v_e(n)$ 减去 v_k 到 v_n 的最长路径长度。因为事件 v_k 的发生表明以 v_k 为终点的各入边所表示的活动均已完成，所以事件 v_k 的最迟发生时间 $v_l(k)$ 也是所有以 v_k 为终点的入边 $<v_j, v_k>$ 所表示的活动 a_i 可以最迟完成的时间。显然，为不推迟工期，活动 a_i 的最迟开始时间 $l(i)$ 应该是 a_i 的最迟完成时间减去 a_i 的持续时间，即 $l(i) = v_l(k) - <v_j, v_k>$ 的权。通常把 $e(i) = l(i)$ 的活动称为关键活动，而 $l(i) - e(i)$ 表示完成活动 a_i 的时间余量。它是在不延误工期的前提下，活动 a_i 可以延迟的时间。显然，关键路径上的所有活动都是关键活动，缩短或延误关键活动的持续时间，都将提前或推迟整个工程的进度。因此，分析关键路径的目的是识别哪些是关键活动，从而提高关键活动的效率，缩短整个工期。

由上述分析可知，若把所有活动 a_i 的最早开始时间 $e(i)$ 和最迟开始时间 $l(i)$ 都计算出来，就可以找到所有的关键活动。为了求得 AOE 网 $e(i)$ 和 $l(i)$，应该先求得网中所有事件 v_j 的最早发生时间 $v_e(j)$ 和最迟发生时间 $v_l(j)$。若活动 a_i 由边 $<v_j, v_k>$ 表示，其持续时间记为 $dut(<j,k>)$，则有如下关系：

$e(i) = v_e(j)$

$l(i) = v_l(k) - dut(<j,k>)$

由事件 v_j 的最早发生时间和最晚发生时间的定义，可以采取如下步骤求得关键活动：

(1) 从开始顶点 v_1 出发，令 $v_e(1) = 0$，按拓扑有序序列求其余各顶点的可能最早发生时间。

$$V_e(k) = \max\{v_e(j) + dut(<j,k>)\} \qquad (7.1)$$
$$j \in T$$

其中 T 是以顶点 v_k 为尾的所有弧的头顶点的集合($2 \leqslant k \leqslant n$)。

如果得到的拓扑有序序列中顶点的个数小于网中顶点个数 n，则说明网中有环，不能求出关键路径，算法结束。

(2) 从完成顶点 v_n 出发，令 $v_l(n) = v_e(n)$，按逆拓扑有序求其余各顶点的允许的最晚发生时间：

$v_l(j) = \min\{v_l(k) - dut(<j,k>)\}$

$k \in S$

其中 S 是以顶点 v_j 是头的所有弧的尾顶点集合($1 \leqslant j \leqslant n-1$)。

(3) 求每一项活动 $a_i(1 \leqslant \leqslant m)$ 的最早开始时间 $e(i) = v_e(j)$；最晚开始时间 $l(i) = v_l(k) - dut(<j,k>)$。若某条弧满足 $e(i) = l(i)$，则它是关键活动。

对于图 7-16 中的活动变化如表 7-3 所示

表 7-3 活动开始时间

活动	e(i)	l(i)	L(i)−e(i)
a_1	0	2	2
a_2	0	0	0
a_3	4	5	1
a_4	7	9	2
a_5	4	4	0

（续表）

活动	e(i)	l(i)	L(i)−e(i)
a_6	9	10	1
a_7	9	10	1
a_8	13	13	0
a_9	13	17	4
a_{10}	17	18	1
a_{11}	17	17	0
a_{12}	22	22	0
a_{13}	17	18	1
a_{14}	21	22	1

从上表得到关键路径为（v_1，v_3，v_4，v_6，v_9，v_{10}），它们的路径长度为 27。

7.7 实训案例与分析

【实例1】 顶点的入度、出度和度的求解。

【实例描述】

设计一个程序，对于 N 个顶点的有向图，求每个顶点的入度、出度和度。

【实例分析】

用邻接矩阵存储有向图，案例中图的邻接矩阵是用直接键入法。

【实例分析】

（1）建立图：首先输入图中顶点的个数，然后以双重循环控制读入邻接矩阵。

（2）输出：顶点 i 的出度是 i 行非零元的个数，顶点 i 的入度是 i 列非零元的个数 顶点 i 的度是 i 行非零元的个数＋i 列非零元的个数。

数据类型定义为：

```
#define Mvex_num  20    /*最大顶点数*/
typedef    int  VertexType;
typedef struct{
int  arcs[Mvex_num][Mvex_num];/*邻接矩阵*/
int  vexnum;  /*图的实际顶点数*/
int  arcnum;/*图的实际边数*/
}MGraph;
```

【参考程序】

```
#define Mvex_num  20    /*最大顶点数*/
typedef    int  VertexType;
typedef struct{
int  arcs[Mvex_num][Mvex_num];/*邻接矩阵*/
```

```
int   vexnum；  /＊图的实际顶点数＊/
int   arcnum；/＊图的实际边数＊/
}MGraph；
/＊＊＊＊＊＊＊＊＊＊＊＊creat＊＊＊＊＊＊＊＊＊＊＊＊＊/
void Creat(MGraph ＊G){
int i,j；
printf("Please input the count of the vertex：")；
scanf("%d",&G->vexnum)；/＊输入图中顶点数＊/
printf("\nPlease input the count of the arc：")；
scanf("%d",&G->arcnum)；/＊输入图中弧的数目＊/
for(i=1;i<=G->vexnum;i++){
  printf("\nPlease input line %d：\n",i)；
  for(j=1;j<=G->vexnum;j++){
    printf("a[%d][%d]：",i,j)；
    scanf("%d",&G->arcs[i][j])；/＊若<vi,vj>的弧存在读入 1 否则读入 0＊/
  }
}
}
/＊＊＊＊＊＊＊＊＊＊＊＊Degree＊＊＊＊＊＊＊＊＊＊＊＊＊/
void Degree(MGraph ＊G){
intind,outd,du,i,j；
for(i=1;i<=G->vexnum;i++){
  ind=0；
  outd=0；
  for(j=1;j<=G->vexnum;j++){
    ind+=G->arcs[j][i]；/＊i列上非零元的个数相加＊/
    outd+=G->arcs[i][j]；/＊i行上非零元的个数相加＊/
  }
  du=ind+outd；/＊入度与出度相加＊/
  printf("\nVertex %d：rudu  %d  chudu  %d  du  %d\n",i,ind,outd,du)；
  }
}
        /＊＊＊＊＊＊＊＊＊＊＊＊main＊＊＊＊＊＊＊＊＊＊＊＊＊＊＊/
main(){
MGraph G；
void Creat(MGraph ＊G)；
void Degree(MGraph ＊G)；
clrscr()；
printf("Now create the graph…\n")；
Creat(&G)；
Degree(&G)；
getch()；
}
```

【测试数据与结果】

输入如 7 - 18 所示的有向图：

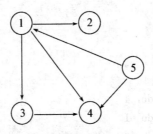

图 7 - 18　有向图

Now create the graph ...

Please input the count of the vertex：5

Please input the count of the arc：6
Please input line 1：
a[1][1]：0
a[1][2]：1
a[1][3]：1
a[1][4]：1
a[1][5]：0

Please input line 2：
a[2][1]：0
a[2][2]：0
a[2][3]：0
a[2][4]：0
a[2][5]：0

Please input line 3：
a[3][1]：0
a[3][2]：0
a[3][3]：0
a[3][4]：1
a[3][5]：0

Please input line 4：
a[4][1]：0
a[4][2]：0
a[4][3]：0：
a[4][4]：0
a[4][5]：0

Please input line 5：

a[5][1]:1

a[5][2]:0；

a[5][3]:0

a[5][4]:1

a[5][5]:0

Vertex 1：rudu　1　chudu　3　du　4

Vertex 2：rudu　1　chudu　0　du　1

Vertex 3：rudu　1　chudu　1　du　2

Vertex 4：rudu　3　chudu　0　du　3

Vertex 5：rudu　0　chudu　2　du　2

【实例2】　图的深度优先搜索

【实例分析】

关于深度优先搜索的算法前面已经介绍，这里不再重复。本实例用邻接表来存储，对于顶点之间是否有路径相通，可以通过检测邻接表来确定；对于顶点是否已被访问过，可以通过设置 visited[]标志数组来实现。

【参考程序】

```c
#include <stdio.h>
#define MAXVEX 30
typedef char VertexType;
struct edgenode  /*邻接表中的结点结构*/
{ int adjvex；  /*编号域*/
    VertexType data；  /*数据域*/
    struct edgenode *next；};  /*指向下一个与表头结点相邻结点的指针*/
struct vexnode /*表头结点结构体,该结构体顺序存储*/
{ VertexType data；/*数据域*/
    struct edgenode *link；/*指针域*/
};
typedef struct vexnode adjlist[MAXVEX]；/*定义存放表头结点的顺序表*/
void creagraph(adjlist g,int *n)  /*创建图子函数*/
{ int e,i,s,d；
    struct edgenode *p,*q；
    printf("V number(n),E number(e):")；/*输入顶点和边的数目*/
    scanf("%d,%d",n,&e)；
    for (i=1;i<=*n;i++) {  /*依次输入顶点的数据信息*/
        getchar()；
        printf("the %d information:",i)；
        scanf("%c",&g[i].data)；
        g[i].link=NULL;}
    for (i=1;i<=e;i++) {  /*依次输入每条边的信息*/
        printf("the %d edge(begin,end):",i)；  /*输入每条边的起点和终点*/
```

```
        scanf("%d,%d",&s,&d);
      p=(struct edgenode *)malloc(sizeof(struct edgenode));   /* 建立邻接表 */
      q=(struct edgenode *)malloc(sizeof(struct edgenode));
      p->adjvex=d;
      p->data=g[d]. data;
      q->adjvex=s;
      q->data=g[s]. data;
      p->next=g[s]. link;   /* p 插入顶点 s 的邻接表中 */
      g[s]. link=p;
      q->next=g[d]. link;   /* q 插入顶点 d 的邻接表中 */
      g[d]. link=q;}
}
void dispgraph(adjlist g,int n)   /* 显示邻接表子函数 */
{ int i;
  struct edgenode * p;
  printf("the G adjlist:\n");
  for (i=1;i<=n;i++) {
    printf("[%d,%c]->",i,g[i]. data);
    p=g[i]. link;
    while (p! =NULL) {
      printf("%c", p->data);
      p=p->next;}
    printf("NULL\n");}
  }
void dfs(adjlist adj,int v,int visited[])   /* 深度优先搜索子函数 */
{ int i;
  struct edgenode * p;
    visited[v]=1;
  printf("[%d,%c] ",v,adj[v]. data);
    p=adj[v]. link;   /* 取 v 边的表头指针 */
    while (p! =NULL) {
      if(visited[p->adjvex]==0)   /* 从 v 的未访问过的邻接点出发进行深度优先搜索 */
      dfs(adj,p->adjvex,visited);
      p=p->next;}   /* 找 v 的下一个邻接点 */
}
  main()
  { adjlist g;
  int n,visited[MAXVEX],i;
  creagraph(g,&n);   /* 调用创建邻接表子函数 */
  dispgraph(g,n);   /* 调用显示邻接表子函数 */
  for (i=1;i<=n;i++) visited[i]=0;   /* 设置初始值,0 表示未被访问过的状态 */
    printf("the dfs is:\n");
  dfs(g,1,visited);   /* 调用深度优先搜索子函数 */
```

```
    printf("\n");
}
```

【测试数据与结果】

输入如图 7 – 19 所示的边和点的信息：

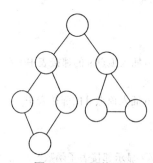

图 7 – 19   网络图

V number(n),E number(e):8,9   /＊输入顶点的数目和边的数目＊/

the 1 information:A   /＊以下为输入每个顶点的数据域的值＊/

the 2 information:B

the 3 information:C

the 4 information:D

the 5 information:E

the 6 information:F

the 7 information:G

the 8 information:H

the 1 edge(begin,end):1,2   /＊输入每条边的起点和终点＊/

the 2 edge(begin,end):1,3

the 3 edge(begin,end):2,4

the 4 edge(begin,end):2,5

the 5 edg(begin,end):3,6

the 6 edge(begin,end):3,7

the 7 edge(begin,end):6,7

the 8 edge(begin,end):4,8

the 9 edge(begin,end):5,8

the G adjlist: /＊显示图的邻接表表示＊/

[1,A]—>(3,C)—>(2,B)—>NULL

[2,B]—>(5,E)—>(4,D)—>(1,A)—>NULL

[3,C]—>(7,G)—>(6,F)—>(1,A)—>NULL

[4,D]—>(8,H)—>(2,B)—>NULL

[5,E]—>(8,H)—>(2,B)—>NULL

[6,F]—>(7,G)—>(3,C)—>NULL

[7,G]—>(6,F)—>(3,C)—>NULL

[8,H]—>(5,E)—>(4,D)—>NULL

the dfs is:

A C G F B E H D

复习思考题

一、选择题

1. 任何一个无向连通图的最小生成树( )。
   A. 只有一棵
   B. 有一棵或多棵
   C. 一定有多棵
   D. 可能不存在

2. 在一个图中,所有顶点的度数之和等于所有边数的( )倍。
   A. 1/2　　　　　B. 1　　　　　C. 2　　　　　D. 4

3. 在一个有向图中,所有顶点的入度之和等于所有顶点的出度之和的( )倍。
   A. 1/2　　　　　B. 1　　　　　C. 2　　　　　D. 4

4. 具有 5 个顶点的无向完全图有( )条边。
   A. 6　　　　　B. 10　　　　　C. 16　　　　　D. 20

5. 具有 7 个顶点的无向图至少应有( )条边才能确保是一个连通图。
   A. 5　　　　　B. 6　　　　　C. 7　　　　　D. 8

6. n 个结点的完全有向图含有边的数目( )。
   A. $n*n$　　　　　B. $n(n+1)$　　　　　C. $n/2$　　　　　D. $n*(n-1)$

7. 在一个具有 n 个顶点的无向图中,要连通全部顶点至少需要( )条边。
   A. n　　　　　B. $n+1$　　　　　C. $n-1$　　　　　D. $n/2$

8. 对于一个具有 5 个顶点的无向图,若采用邻接矩阵表示,则该矩阵的大小( )。
   A. 10　　　　　B. 20　　　　　C. 16　　　　　D. 25

9. 有向图中一个顶点的度是该顶点的( )。
   A. 入度
   B. 出度
   C. 入度与出度之和
   D. (入度＋出度)/2

10. 对于一个具有 n 个顶点和 e 条边的无向图,若采用邻接表表示,所有邻接表中的结点总数是( )。
    A. $e/2$　　　　　B. e　　　　　C. $2e$　　　　　D. $n+e$

11. 采用邻接表存储的图的深度优先遍历算法类似于二叉树的( )。
    A. 先序遍历　　　　　B. 中序遍历　　　　　C. 后序遍历　　　　　D. 按层遍历

12. 判定一个有向图是否存在回路除了可以利用拓扑排序方法外,还可以利用( )。
    A. 求关键路径的方法
    B. 求最短路径的 Dijkstm 方法
    C. 宽度优先遍历算法
    D. 深度优先遍历算法

13. 存储无向图的邻接矩阵一定是一个( )。
    A. 上三角矩阵　　　B. 稀疏矩阵　　　C. 对称矩阵　　　D. 对角矩阵

14. 在图采用邻接表存储时,求最小生成树的 Prim 算法的时间复杂度为( )。
    A. $O(n)$　　　　　B. $O(n+e)$　　　　　C. $O(n^2)$　　　　　D. $O(n^3)$

15. 在含 n 个顶点和 e 条边的无向图的邻接矩阵中,零元素的个数为( )。

　　A. e　　　　　　　B. $2e$　　　　　　　C. n^2-e　　　　　　D. n^2-2e

二、填空题

1. n 个顶点的连通图至少_____条边。

2. 对用邻接矩阵表示的图进行任一种遍历时,其时间复杂度为_____,对用邻接表表示的图进行任一种遍历时,其时间复杂度为_____。

3. 在有向图的邻接表和逆邻接表表示中,每个顶点的边链表中分别链接着该顶点的所有_____和_____结点。

4. 有向图 G 用邻接矩阵 $A[n][n]$ 储存,其第 i 行所有元素之和等于顶点 i 的_____。

5. 对于一个具有 n 个顶点和 e 条边的连通图,其生成树中的顶点数和边数分别为_____和_____。

6. Prim 算法和 Kruscal 算法的时间复杂度分别为_____和_____。

7. 在无权图 G 的邻接矩阵 A 中,若 (v_i,v_j) 或 $<v_i,v_j>$ 属于图 G 的边集合,则对应元素 $A[i][j]$ 等于_____,否则等于_____。

8. 在无向图 G 的邻接矩阵 A 中,若 $A[i][j]$ 等于1,则 $A[j][i]$ 等于_____。

9. 已知一个图的邻接矩阵表示,删除所有从第 i 个结点出发的边的方法是_____。

10. 在一个无向图的邻接表中,若表结点的个数是 m,则图中边的条数是_____条。

11. 在有 n 个结点的无向图中,其边数最多为_____。在有 n 个顶点的有向图中,每个顶点的度最大可达_____。

12. 有 n 个顶点的有向图 G 最多有_____条弧。

三、判断题

1. 图是一种非线性结构,所以只能用链式存储。　　　　　　　　　　　　（　　）

2. 图的最小生成树是唯一的。　　　　　　　　　　　　　　　　　　　（　　）

3. 如果一个图有 n 个顶点和小于 $n-1$ 条边,则一定是非连通图。　　　（　　）

4. 一个无向图的邻接矩阵中各元素之和与图中边的条数相等。　　　　　（　　）

5. 有向图用邻接矩阵表示后,顶点 i 的出度等于第 i 行中非 0 且非 ∞ 的元素的个数。　　　　　　　　　　　　　　　　　　　　　　　　　　　　　（　　）

6. 图 G 的某一最小生成树的代价一定小于其他生成树的代价。　　　　（　　）

7. 图 G 的一棵最小代价生成树的代价未必小于 G 的其他任何一棵生成树的代价。　　　　　　　　　　　　　　　　　　　　　　　　　　　　　　　（　　）

8. 若图 G 的最小生成树不唯一,则 G 的边数一定多于 $n-1$,并且权值最小的边有多条(其中 n 为 G 的顶点树)。　　　　　　　　　　　　　　　（　　）

9. 有向图用邻接矩阵表示后,顶点 i 的入度等于邻接矩阵中第 i 列的元素个数。　　　　　　　　　　　　　　　　　　　　　　　　　　　　　　　（　　）

10. 图 G 的头扑序列唯一,则其弧数必为 $n-1$(其中 n 为 G 的顶点数)。（　　）

四、简答题

1. 画出如图 7-20 所示的有向图的邻接矩阵、邻接表、逆邻接表。

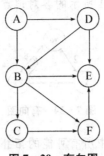

图 7 - 20 有向图

2. 如果图 7 - 20 所示的有向图存储结构采用邻接矩阵表示,写出从顶点 A 出发按深度优先搜索和广度优先搜索算法遍历得到的顶点序列。

3. 已知一个有向图的邻接表如图 7 - 21 所示,求出根据深度优先搜索和广度优先搜索算法遍历得到的顶点序列。

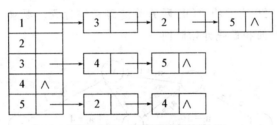

图 7 - 21 有向图的邻接表

4. 请分别用 Prim 算法和 Kruskal 算法构造如图 7 - 22 所示的网络的最小生成树,并求出该树的代价。

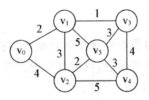

图 7 - 22 网络图 1

5. 如图 7 - 23 所示的给定带权有向图 G 和源点 v_0,利用迪杰斯特拉(Dijkstra)算法求从 v_0 到其余各顶点的最短路径。

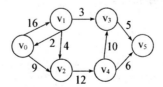

图 7 - 23 带权有向图 G

6. 利用 Floyd 算法求如图 7-24 所示的各对顶点之间的路径。

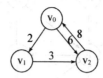

图 7-24   有向图

7. 画出如图 7-25 所示的网络中所有可能的拓扑有序序列。

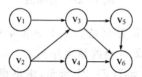

图 7-25   网络图 2

8. 写出求如图 7-26 所示的 AOE 网的关键路径的过程。要求:给出每一个事件和每一个活动的最早开始时间和最晚开始时间。

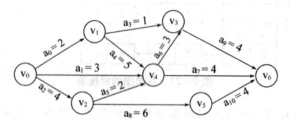

图 7-26   AOE 网络图

五、算法及程序设计

1. 编写一个算法将一个无向图的领接矩阵转换成邻接表。

2. 已知有 n 个顶点的有向图邻接表,设计算法分别实现下列功能。

(1) 求出图 G 中每个顶点的出度、入度。

(2) 计算图中度为 0 的顶点数。

六、编程练习

1. 已知有向图,求出深度优先遍历该图中顶点的序列。

2. 已知有向图,判断其是否存在环。

第8章

查 找

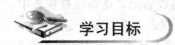

学习目标

了解并掌握数据处理中的各种查找方法。

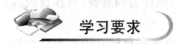

学习要求

➤ 掌握：查找概念及常用术语。

➤ 掌握：静态查找中的顺序查找、二分查找和索引查找的方法和算法，相应的时间复杂度和空间复杂度，相应的平均查找长度。

➤ 掌握：二叉排序树的定义，对二叉排序树进行查找、更新、插入和删除元素的方法以及算法和相应的时间复杂度。

➤ 掌握：二叉平衡树的维护平衡方法。

➤ 掌握：散列表的概念，采用除留余数法构造散列函数的方法，采用线性探查法和链接法处理冲突的方法，能够根据已知数据构造散列表和计算出平均查找长度。

➤ 了解：B-树的概念，在B-树上查找过程，向B-树中插入元素和从B-树中删除元素的方法。

查找是计算机应用中最常用的操作之一，也是许多程序中最消耗时间的一部分。因而，查找方法的优劣对系统的运行效率影响极大。本章主要讨论几种不同的查找表及查找算法，并通过对它们的分析来比较各种查找方法的优劣。

8.1 查找的概念

本节主要介绍有关查找的基本概念。

（1）查找表。用于查找的数据元素集合称为查找表。查找表由同一类型的数据元素（或记录）构成。

（2）关键字、主关键字、次关键字。关键字是数据元素中的某个数据项。唯一能标识数据元素（或记录）的关键字，即每个元素的关键字值互不相同，称这种关键字为主关键字；若查找表中某些元素的关键字值相同，称这种关键字为次关键字。例如学生信息表中的学号是主关键字，而姓名是次关键字。

（3）查找。查找是指在数据元素集合中查找满足某种条件的数据元素的过程。例如在学生成绩表查找某一个学生的成绩；在英汉字典中查找某个英文单词的中文解释等，这些操作都是查找。查找通常是在文件中进行的。

在查找表中搜索关键字等于给定值的数据元素(或记录)。若表中存在这样的记录,则称查找成功,此时的查找结果应给出找到记录的全部信息或指示找到记录的存储位置;若表中不存在关键字等于给定值的记录,则称查找不成功,此时查找的结果可以给出一个空记录或空指针。若按主关键字查找,查找结果是唯一的;若按次关键字查找,结果可能是多个记录,即结果可能不唯一。

(4) 静态查找。若只对查找表在查找表中查看某个特定的数据元素是否在查找表中,或检索某个特定元素的各种属性。静态查找表在查找过程中查找表本身不发生变化。

(5) 动态查找。可以将查找表中不存在的数据元素插入,或者从查找表中删除某个数据元素,则称这类查找为动态查找。动态查找表在查找过程中查找表可能会发生变化。

(6) 内查找和外查找。若整个查找过程全部在内存中进行,则称为内查找;若在查找过程中还需要访问外存,则称为外查找,本章仅介绍内查找。

(7) 平均查找长度。在讨论各种查找算法时,常以算法的效率和存储开销来衡量查找算法的优劣。由于查找运算的主要操作是关键字的比较,所以通常把查找过程中对关键字需要执行的平均比较次数(也称为平均查找长度)作为衡量一个查找算法效率优劣的标准。平均查找长度(ASL)定义如下:

$$ASL = \sum_{i=1}^{n} p_i * c_i$$

其中,c_i 为查找第 i 个结点所需的比较次数,p_i 为查找第 i 个结点的查找概率。如果每个结点的查找机会均等,则每个结点的查找概率等于 $1/n$。

8.2   静态查找

静态查找一般以顺序表或线性表表示,线性表可以有不同的表示方法,在不同的表示方法中,实现查找操作的方法也不同。本节主要介绍顺序查找、二分查找和分块查找 3 种方法。

8.2.1   顺序查找

顺序查找又称线性查找,是一种最简单、最基本的查找方法,其基本思想是:从表的一端开始,顺序扫描整个线性表,依次将扫描到的结点关键字与给定值 k 进行比较,若当前扫描到的结点关键字与 k 相等,则查找成功,返回该结点在表中的位置;若扫描结束后,仍未找到关键字值等于 k 的结点,则查找失败,返回特定的值(0 或 NULL)。

顺序查找方法既适用于线性表的顺序存储结构,也适用于线性表的链式存储结构。下面只介绍以顺序表作为存储结构时的顺序查找。

有关的类型定义如下:

```
#define KeyType int
#define MAXSIZE 100
```

```
typedef struct {
        KeyType key;
}SSElement;
typedef struct {
        SSElement elem[MAXSIZE];
        int length;
}SSTable;
```

顺序查找的算法源代码如下:

【算法 8.1】

```
int    Seq_search(SSTable ST   int n   KeyType   key)
{/ * 在顺序表 ST 中查找关键字为 key 的数据元素,n 为表中元素的个数 * /
    ST. elem[0]. key = key;
/ * 设置监视哨,当从表尾向前查找,失败时,不必判表是否检测完毕
    i=n ;
    while(ST. elem[i]. key! = key)  i－－ ; / * 从表尾端向前查找 * /
     return  i;
}
```

算法分析:

在该算法中,为了在 while 循环语句中免去判定下标越界的条件“$i \geqslant 1$”。因此把 ST. elem[0] 称为“监视哨”,这种程序设计技巧,使得测试循环条件的时间大约减少一半。

对于 n 个结点的顺序表,若给定值 key 与表中第 i 个结点的关键字相等,则需要进行 $n-i+1$ 次比较,即 $C_i = n-i+1$。则查找成功时,顺序查找的平均查找长度为:

$$\text{ASL} = \sum_{i=1}^{n} p_i(n-i+1)$$

设每个结点的查找概率相等,即 $p_i = 1/n$,则在等概率情况下,查找成功时的平均查找长度为:

$$\text{ASL} = \sum_{i=1}^{n} \frac{1}{n}(n-i+1) = \frac{n+1}{2}$$

在最坏的情况下顺序查找需要比较 n 次,因此,顺序查找的时间复杂度为 $O(n)$。

顺序查找的优点是算法简单,且对表的结构无任何要求,无论是用数组还是用链表来信存放结点,也无论结点之间是否按关键字有序,它都同样适用。顺序查找的缺点是查找效率低,当结点个数 n 很大时,不宜采用顺序查找。

8.2.2　二分查找

二分查找又称折半查找,是一种效率较高的查找方法,二分查找要求查找表用顺序存储结构存放且各数据元素按关键字有序(升序或降序)排列,并且要求线性表顺序存储。也就是说折半查找只适用于对有序顺序表进行查找。

二分查找的基本思想是:首先将待查的 K 值和有序表 ST. elem[low] 到 ST. elem[high] 的中间位置 mid 上的结点的关键字进行比较,若相等,则查找成功,返回该结点的下

标 mid；否则，若 key<ST. elem[mid]. key，则说明待查找的结点只可能在左子表 ST. elem[low]到 ST. elem[mid-1]中，接下来只要在左子表中继续进行二分查找，若 key>ST. elem[mid]. key，则说明待查找的结点只可能在右子表 ST. elem[mid+1]到 ST. elem[high]，接下来只要在右子表中继续进行二分查找。这样，经过一次关键字比较就缩小一半的查找区间。如此重复进行下去，直到找到关键字为 key 的结点为止，若当前的查找区间为空，则查找失败。

[例 8-1] 假设被查找的有序表中关键字序列为：3,10,16,23,26,38,53，当给定的 key 值分别为 16,55，进行二分查找的过程如图 8-1 所示。图中用方括号表示当前的查找区间，用"↑"表示中间位置指示器 mid。因为 low 和 high 分别是分区的第一个和最后一个位置。则折半查找过程如下：

```
[3      10      16      23      26      38      53]
↑low                    ↑min                    ↑high

[3      10      16]     23      26      38      53
↑low    ↑mid    ↑high

 3      10      [16]    23      26      38      53
                ↑mid
```

(a) 查找 key=16 的过程（三次比较后查找成功）

```
[3      10      16      23      26      38      53]
↑low                    ↑mid                    ↑high

 3      10      16      23      [26     38      53]
                               ↑low    ↑mid    ↑high

 3      10      16      23      26      38      [53]
                                               ↑mid
```

(b) 查找 key=55 的过程（三次比较后查找失败）

图 8-1　二分查找

二分查找算法如下：
【算法 8.2】

```
int bin_search (Se_List a, keytype k)
{
low=1; high=n; //置初始查找范围的低、高端指针
while (low<=high)
{ mid=(low+high)/2; //计算中间项位置
    if (k==a[mid]. key) break; //找到,结束循环
    else if (k< a[mid]. key) high=mid-1; //给定值 k 小
    else low=mid+1; //给定值 k 大
}
if (low<=high) return mid ; //查找成功
else return 0 ; //查找失败
}
```

　　二分查找过程可用二叉树来描述,树中的根结点对应当前查找区间的中点记录,左子表或右子表的中间位置作为根的左子树或右子树。如图 8-2 所示是含有 10 个结点的有序表二分查找的判定树,结点中的值为对应记录的"位置"序号。查找一个记录的路径用带箭头虚线表示,若查找结点⑤,则只需进行一次比较;若查找结点②和⑧,则需进行二次比较;若查找结点①、③、⑥和⑨需要比较三次;若查找结点④、⑦、⑩需要比较四次。由此可见,二分查找过程恰好是走了一条路径,即从判定树的根到被查结点的一条路径,经历比较的关键字个数恰为该结点在树中的层数。

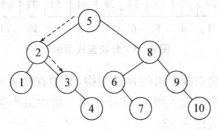

图 8-2　具有 10 个结点的有序表二分查找的判定树

　　由此可见,二分查找在查找成功时进行比较的关键字个数最多不超过判定树的深度,而具有 n 个结点的判断树的深度为 $\lfloor \log_2 n \rfloor + 1$,所以,二分查找在查找成功时和给定值进行比较的关键字个数至多为 $\lfloor \log_2 n \rfloor + 1$。

　　以树高为 h 的满二叉树为例。假设表中每个结点的查找概率是相等的,即 $p_i = 1/n$,则树的第 i 层有 $2^i - 1$ 个结点,二分查找的平均查找长度为:

$$\text{ASL} = \sum_{i=1}^{h} p_i \cdot C_i$$

$$= \frac{1}{n}(1 * 2^0 + 2 * 2^1 + \cdots + h * 2^{h-1})$$

$$= \frac{n+1}{n} \log_2(n+1) - 1$$

$$\approx \log_2(n+1) - 1$$

　　因此,二分查找的时间复杂度为 $O(\log_2 n)$。二分查找比顺序查找的效率高,但二分查找只适用于有序表,且限于顺序存储结构。

8.2.3　分块查找

　　分块查找又称索引顺序查找,是对顺序查找的一种改进。
　　算法基本思路:在分块查找方法中,除主表本身外,还需建立一个索引表(又称子表或块),要求主表中的每个子表(子表又称为块)之间是递增(或递减)有序的,即后块中的最小关键字必须大于前块中的最大关键字,但每一块中的关键字不一定是有序的;还要求索引表中每个索引项用来存储对应块中的最大关键字及该块在线性表中的起始位置。由分块查找对主表和索引表的要求可知:
　　(1)索引表是按索引值递增(或递减)有序的,即索引表是一个有序表;(2)主表中的关键字域和索引表中的索引值域具有相同的数据类型,即关键字所属的类型。

[**例 8 - 2**]　假设被查找的关键字序列为：(11,21,19,7,13,35,26,44,51,27,60,58,76,86,53)，将关键字序列分为 3 块，建立的查找表及其索引表如图 8-3 所示。

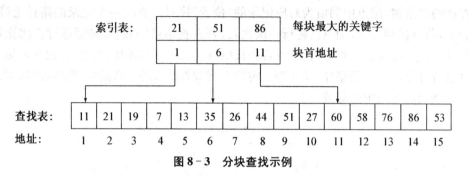

图 8 - 3　分块查找示例

图 8-3 所示是满足分块查找要求的存储结构，其中查找表有 15 个结点，被分成 3 块，每块中有 5 个结点，第一块中最大关键字 21 小于第二块中最小关键字 26，第二块中最大关键字 51 小于第三块中最小关键字 53。

当进行分块查找时，应根据所给的关键字首先查找索引表，从中找出给定值 key 刚好小于等于索引值的那个索引项，从而找到待查块，然后再查找这个块，从中找到待查的结点（若存在的话）。由于索引表是有序的，所以在索引表上既可以采用顺序查找，也可以采用二分查找，而每个块中的结点排列是任意的，所以在块内只能采用顺序查找。

分块查找的平均查找长度由两部分组成：
$$ASL = ASL_{索引表} + ASL_{子表}$$

其中，$ASL_{索引表}$ 是在索引表中确定某一块所需的平均查找长度，$ASL_{子表}$ 在块中查找所需结点的平均查找长度。如果假设线性表中有 n 个结点，平均分成 b 块，每块含有 m 个结点，即 $n = b * m$，又假定查找块或结点的概率相等，则每块查找的概率为 $1/b$，块中每个结点的查找概率为 $1/m$。

若用顺序查找确定所在块，则分块查找的平均查找长度为：
$$ASL = ASL_{索引表} + ASL_{子表} = (b+1)/2 + (m+1)/2 = 1 + (n+b^2)/2b$$

可见，平均查找长度不仅和表的总长度 n 有关，而且和所分的子表个数 b 有关。对于表长 n 确定的情况下，b 取 $\sqrt{n}$ 时，$ASL = \sqrt{n} + 1$ 达到最小值。

若用二分查找确定所在块，则分块查找的平均查找长度为：
$$ASL = ASL_{索引表} + ASL_{子表} \approx \log_2(1 + n/m) + m/2$$

分块查找的优点是，在表中插入或删除一个记录时，只要找到该记录所属的块，就在读行插入和删除运算。因块内记录的存放是任意的，所以，插入或删除比较容易，无须移动。分块查找的主要代价是增加一个辅助数组的存储空间和将初始表分块排序的运算。

8.3　动态查找

8.3.1　二叉排序查找树

1. 二叉排序树

二叉排序树又称为二叉查找树,一棵二叉排序树或者是一棵空树,或者是具有下列性质的二叉树:

(1) 若它的左子树非空,则左子树上所有结点的值均小于它的根结点的值。

(2) 若它的右子树非空,则右子树上所有结点的值均大于(若允许具有相同关键字的结点存在,则大于等于)它的根结点的值。

(3) 它的左、右子树本身又各是一棵二叉排序树。

如图 8-4 所示的二叉树是一棵二叉排序树,

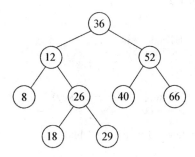

图 8-4　二叉排序树

从二叉排序树的定义可得出二叉排序树的一个重要性质:按中序遍历该树所得到的中序序列是一个递增有序序列。对图 8-4 所示的二叉排序树,按中序遍历可得有序序列为:(8,12,18,26,29,36,40,52,66)。

通常,二叉树或二叉排序树是以链表方式组织存储的,在下面讨论二叉排序树的操作中,使用二叉链表作为存储结构。

二叉排序树存储结构可描述如下:

```
typedef struct   BTnode {
keytype key;
structBTnode t * lchild;
structBTnode * rchild;
    } BTnode;
```

2. 二叉排序树的插入

在二叉排序树中插入新结点,只要保证插入后仍符合二叉排序树的定义即可。插入的基本思想为:若二叉排序树为空,则将 new 所指结点作为根结点插入到空树中;当二叉排序树非空时,将待插结点的关键字 K 和树根的关键字比较,若树中已有此结点,无须插入;若关键字小于树根的关键字比较,则将 K 所指结点插入到根的左子树中,否则将 K 所指结点插到根的右子树中。此结点是作为一个新的树叶插入二叉排序树中。

[例 8-3]　在图 8-5 所示的二叉排序树上插入关键字为 56 的结点的过程,如图 8-5 所示。由于插入前二叉排序树非空,故将 56 和根结点 33 比较,因 56＞33,则应将 56 插入到 33 的右子树上;又将 56 和右子树的根 50 比较,因 56＞50,则 56 应插入到 50 的右子树上;以此类推,直至最后将 56 作为 62 的左孩子插入到树中。

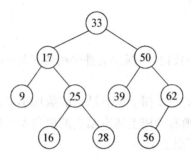

图 8-5　二叉排序树的插入

二叉排序树的插入算法如下:

【算法 8.3】

```
void bt_insert (BTnode * bt , BTnode * new);
{
p = bt;
while ( p! = NULL && p -> key! =new -> key)
{ q = p;
  if ( p ->key > new -> key ) p = p -> lchild;
  else p = p -> rchild;
  }
if (! p) {
  if ( q->key>new->key )q->lchild = new;
  else q ->rchild= new;
  }
}
```

3. 二叉排序树的生成

二叉排序树的生成,是从空的二叉排序树开始,每输入一个结点数据,建立一个新结点插入到当前已生成的二叉排序树中。生成二叉排序树的算法如下:

【算法 8.4】

```
BTnode create_bt()
{/ * 输入一串以@结束的字符序列,建立二叉排序树 * /
  BTnode new,T=NULL;
  char ch;
  printf("\ninput string (end of '@'): ");
  ch=getchar();
  while(ch! ='@')
  {new=( BTnode * )malloc(sizeof(BTnode));
```

```
            new->data=ch;
            new->lchild=new->rchild=NULL;
            bt_insert (&T,new);
            ch=getchar();   }
        return T;
}
```

[例 8－4] 设关键字序列分别为(35,26,80,56,12,32)和(12,26,32,35,56,80),则生成的二叉排序树如图 8－6(a)和图 8－6(b)所示。

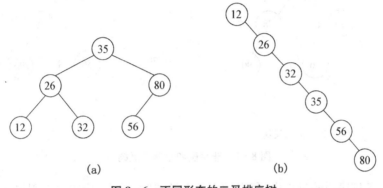

图 8－6 不同形态的二叉排序树

可见二叉树的形状、高度不仅与记录的关键字的大小有关,还与输入的先后次序有关。

4. 二叉排序树查找算法分析

在二叉排序树上进行查找,若查找成功,则是从根结点出发走了一条从根到待查结点的路径;若查找不成功,则是从根结点出发走了一条从根到某个叶子的路径。由于二叉排序树不唯一。对于含有同样一组结点的表,由于结点插入的先后次序不同,所构成的二叉排序树的形态和深度也不同。

对图 8－6 中的两树的平均查找长度分别为:
$$ASL(a)=(1+2+2+3+3+3)/6=14/6$$
$$ASL(b)=(1+2+3+4+5+6)/6=21/6$$

由此可见,在二叉排序树上进行查找时的平均查找长度和二叉树的形态有关。

在最坏情况下二叉排序树是通过把一个有序表的 n 个结点依次插入而生成的,此时所得的二叉排序树为深度为 n 的单支树,它的平均查找长度和顺序查找相同,亦是 $(n+1)/2$;

在最好的情况下,二叉排序树在生成的过程中,树的形态比较匀称,最终得到的是一棵形态与判定树相似的二叉排序树,此时它的平均查找长度大约是 $O(\log_2 n)$。

8.3.2 平衡二叉树

由 8.3.1 小节内容可知,二叉树的查找效率与结点插入的次序有关,但结点插入的先后次序是不确定的,因此需要找一种动态平衡的方法,无论关键字的序列如何,都能构造一棵形态均匀的二叉排序树。

平衡二叉树又称 AVL 树,它或者是一棵空树,或者是具有下列性质的二叉树:它的左子树和右子树都是平衡二叉树,且左、右子树深度之差的绝对值不超过 1。通常,将二叉树上任一结点的左子树高度和右子树高度之差,称为该结点的平衡因子。因此,平衡二叉树上所有结点的平衡因子只可能是−1、0、1。换言之,若一棵二叉树上任一结点的平衡因子的绝对值都不大于 1,则该树是平衡二叉树。例如,如图 8−7 所示,(b)是一棵平衡二叉树,而(a)所示的树含有平衡因子为−2 的结点,故它是一棵非平衡二叉树,图中每个结点旁边所注数字是该结点的平衡因子。

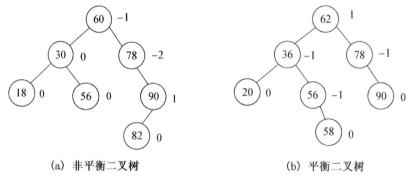

(a) 非平衡二叉树   (b) 平衡二叉树

图 8−7   非平衡和平衡二叉树

在构造二叉排序树的过程中,每当插入一个结点时,首先,检查是否因插入而破坏了树的平衡性,若是,则找出其中最小不平衡子树,在保持排序树特性的前提下,调整最小不平衡子树中各结点之间的连接关系,以达到新的平衡。所谓最小不平衡子树是指,离插入结点最近且平衡因子绝对值大于 1 的结点作根的子树。

设结点 A 为不平衡的最小子树根结点,设结点 B 为插入结点,对该子树进行平衡化调整的规则如下:

(1) 从结点 A 开始,在结点 A 到结点 B 的路径上连续选取 3 个结点作为调整对象。

(2) 将 3 个结点按关键字值由小到大排序,取中间结点作为新根结点,较小结点作为其左孩子,较大结点作为其右孩子。

(3) 若根结点在调整前有左孩子,调整后将其作为现有左孩子的右孩子;若根结点在调整前有右孩子,调整后将其作为现有右孩子的左孩子。

[例 8−5]   设一组记录的关键字按(18,15,14,22,17,25,7,12)的顺序进行插入,画出生成及调整成平衡二叉排序树的过程图。

生成及调整成平衡二叉排序树的过程图如图 8−8 所示,插入结点 14 后,结点 18 的平衡因子由原来的 1 变为 2,致使以 18 为根结点的子树失去平衡,调整如下:选取 3 个结点,由于 14<15<18,取结点 15 作为新根结点,结点 14 作为其左孩子,结点 18 作为其右孩子。插入结点 25 的后,结点 15 的平衡因子由原来的−1 变为−2,致使以结点 15 为根的子树失去平衡,调整如下:取结点 18 作为新根结点,将现有左孩子结点 17 调整为现左孩子的右孩子,结点 22 作为其右孩子。以此方法对其他结点进行插入和调整。

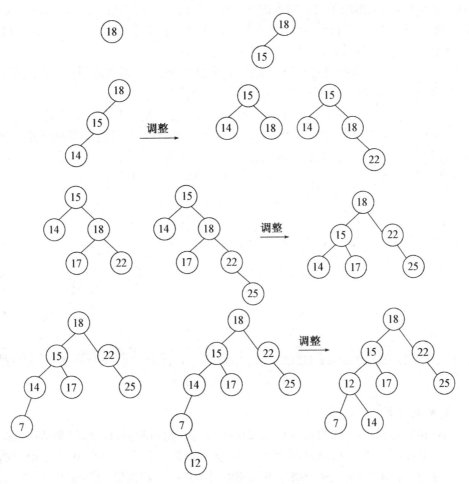

图 8-8　二叉平衡树生成过程

8.3.3　B-树

　　前面讨论的查找算法都是内部查找算法,即被查找的数据都保存在计算机的内存中。这种查找方法适用于较小的文件,而不适用于较大的存放于外存储器中的文件。1970 年 R. Bayer 和 E. McCreight 提出了一种适用于外查找的 B 树。它的特点就是插入、删除时易于平衡,外部查找效率高,适合于组织磁盘文件的动态索引结构。B 树分为 B-树和 B+树,这里主要介绍 B-树的查找和插入。

1. B-树的定义
一棵 m 阶的 B-树,或为空树,或为满足下列特性的 m 叉树:

(1) 树中每个结点至多有 m 棵子树。

(2) 若根结点不是叶子结点,则至少有两棵子树。

(3) 除根结点之外的所有非终端结点至少有 $\lceil m/2 \rceil$ 棵子树。

(4) 所有的非终端结点中包含以下信息数据:$(n, P_0, K_1, P_1, K_2, \cdots, K_n, P_n)$,其中:$n$

为关键字的个数,P_i 为指向子树根结点的指针($i=0,1,\cdots,n$),$K_i(i=1,2,\cdots,n)$ 为关键字,且 $K_i<K_{i+1}$,指针 $Pi-1$ 所指子树中所有结点的关键字均小于 $Ki(i=1,2,\cdots,n)$,Pn 所指子树中所有结点的关键字均大于 K_n,$\lceil m/2\rceil-1\leqslant n\leqslant m-1$。

(5) 所有的叶子结点都出现在同一层次上,并且不带信息(可以看作是外部结点或查找失败的结点,实际上这些结点不存在,指向这些结点的指针为空)。

在 B-树里,每个结点中的关键字从小到大排列。由于叶结点不包含关键字,叶结点的总数等于树中所包含的关键字总个数加 1。在每个非叶结点中,关键字是按递增序列排列的,且指针的数目(即孩子的数目)比该结点的关键字个数多 1 个。

[**例 8-6**]　如图 8-9 所示是一棵 4 阶的 B-树。

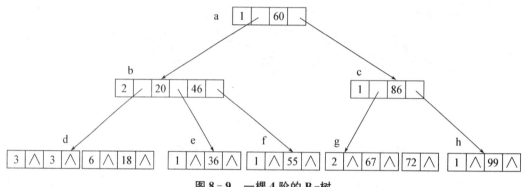

图 8-9　一棵 4 阶的 B-树

2. B-树的运算

(1) B-树的查找。B-树的查找和二叉排序树的查找相类似,B-树每个结点上是多关键字的有序表,首先把根结点取出,在根结点所包含的关键字 $K_1,\cdots K_n$ 中查找给定的关键字,这时根据需要可以使用顺序查找也可以使用折半查找。若找到,则查找成功;否则,到按照对应的指针信息指向的子树中去查找,当到达叶子结点时,则说明树中没有对应的关键字,查找失败。

(2) B-树的插入。在 B-树上插入关键字,首先要经过一个树根结点到叶子的查找过程,查找出 K 的插入位置,然后再进行插入。关键字的插入不是在叶结点上进行的,而是首先在最底层的某个非终端结点中添加一个关键字,若该结点的关键字个数不超过 $m-1$,则插入完成;否则,若该结点的关键字个数已达到 m 个,这与 B-树定义不符,将引起结点的"分裂"。分裂方法为:将结点中的关键字分成三部分,使得前后两部分的关键字个数均大于等于 $\lceil m/2\rceil-1$,而中间部分只有一个关键字。前后两部分成为两个结点,而中间部分的关键字将插入到父结点中。若插入父结点后,父结点中关键字个数超过 $m-1$,则父结点继续分裂,直到插入某个父结点,其关键字个数小于 m。

在如图 8-9 所示中的 e 结点中插入 40 关键字,直接插入就可以了,e 结点变为如图 8-10 所示。在如图 8-9 中的 d 结点中插入 12 关键字,因为此结点是满的,不能再往里插入了,这个结点将分裂成两个,把中间的一个关键字拿出来,插到改结点的双亲结点中。如图 8-11 所示。

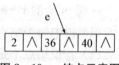

图 8-10　e 结点示意图

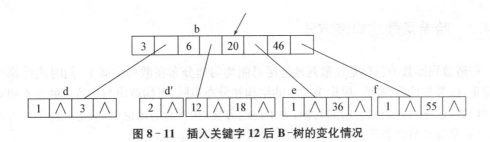

图 8-11　插入关键字 12 后 B-树的变化情况

8.4　哈希查找

前面介绍的静态查找表和动态查找表的特点是：为了从查找表中找到关键字值等于某个值的记录，都要经过一系列的关键字比较，以确定待查记录的存储位置或查找失败，查找所需时间总是与比较次数有关。

如果将记录的存储位置与它的关键字之间建立一个确定的关系 H，使每个关键字和一个唯一的存储位置对应，在查找时，只需要根据对应关系计算出给定的关键字值 k 对应的值 $H(k)$，就可以得到记录的存储位置，这就是本节将要介绍的哈希表查找方法的基本思想。

8.4.1　哈希函数与哈希表

哈希函数又称散列函数，是将记录的关键字值与记录的存储位置对应起来的关系 H，$H(k)$ 的结果称为哈希地址。

哈希表是根据哈希函数建立的表，其基本思想是：以记录的关键字值为自变量，根据哈希函数，计算出对应的哈希地址，并在此存储该记录的内容。当对记录进行查找时，再根据给定的关键字值，用同一个哈希函数计算出给定关键字值对应的存储地址，随后进行访问。所以哈希表即是一种存储形式，又是一种查找方法，通常将这种查找方法称为哈希查找。

按哈希方法组织记录存储，先要设定一个长度为 m 的哈希表 $HT[m]$，然后构造哈希函数 H，按照关键字值 K 计算出各个记录的散列地址 $H(K)$，并将这些记录存储到 $HT[H(k)]$ 中，如现有 $m=26$，且有 $INPUT,OPEN,COME,EGG,CAKE$ 5 个记录，假设取关键字的首字母在英文字母中的序号作为其散开地址，即：

$$H(K)=ord(ch)-ord(`A')+1$$

其中 ch 是关键字值 K 的首字母，则 $H(INPUT)=9$。

有时会出现不同的关键字值其哈希函数计算的哈希地址却相同的情况，然而同一个存储位置不可能存储两个记录，将这种现象称为冲突，如上述散列函数 $H(COME)=3$，$H(CAKE)=3$，这种情况就发生冲突。具有相同函数值的关键字值称为同义词。在实际应用中冲突是不可能完全避免的，人们通过实践已经总结出了多种减少冲突及解决冲突的方法。

8.4.2　哈希函数的构造方法

构造散列函数的目标是使散列地址尽可能均匀地分布在散列空间上，同时使计算尽可能简单，以节省计算时间。根据关键字的结构和分布不同，可构造出与之适应的各不相同的散列函数，这里只介绍较常用的几种，为了讨论方便，在下面的讨论中，假定关键字均为整型数，若不是整型数则要设法把它转换为整型数后再进行运算。

1. 直接定址法

直接定址法是取关键字或关键字的某个线性函数为哈希地址。即

$$H(key)=key \text{ 或 } H(key)=a*key+b$$

其中 a,b 为常数，调整 a 与 b 的值可以使哈希地址取值范围与存储空间范围一致。

这类函数是一一对应函数，不会产生冲突，它适应于关键字的分布基本连续的情况，若关键字分布不连续，将造成存储空间的浪费。

[例 8 - 7]　一组关键字集合为 $(10,50,30,60,70,90)$，选取散列函数为 $H(key)=key/10$，则存放结果如图 8 - 12 所示：

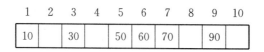

1	2	3	4	5	6	7	8	9	10
10		30		50	60	70		90	

图 8 - 12　关键字集合的存放结果

2. 除留余数法

选择一个适当的正整数 p，用 p 去除关键字，取所得余数作为散列地址，即

$$H(K)=K\%p$$

使用除留余数法，选取合适的 p 很重要，若 p 选得不好，容易产生同义词。若散列表的表长为 m，一般地选 p 为小于或等于 m 的某个最大素数比较好。

如果 R 落在存储区地址范围内，则 R 就取哈希函数值；否则，再用一个线性数求出哈希函数值。例如，有一组关键字从 00 000 到 99 999，指定的存储地址为 100 000 到 100 999，即 $m=1\,000$，可选 $P=999$，若要转换关键字 $K=67543$，则有：

$$R=67543\%999=610$$

因 R 不在指定的地址范围内，所以取哈希函数为：

$$H(K)=K\%p+100\,000$$

因此 $H(67543)=100\,610$，这样就把关键字 K 直接转换成存储地址了。

除留余数法的地址计算公式简单，并且在许多情况下效果较好，是一种最常用的构造散列函数的方法。

3. 平方取中法

平方取中法是取关键字平方的中间几位作为散列地址的方法，即算出关键字值的平方，再取其中若干位作为散列地址，具体取多少位视实际要求而定。一个数平方后的中间几位和数的每一位都有关。平方取中法适应于关键字中的每一位取值都不够分散或者较分散的位数小于散列地址所需要的位数的情况。

例如,一组关键字如下:

$$(1\,100,1\,120,1\,010,1\,031,2\,131)$$

其平方结果是:

$$(1\,210\,000,1\,254\,400,1\,020\,100,1\,062\,961,4\,541\,161)$$

若表长为 1000,则可取中间三位作为散列地址,即

$$(100,544,201\,629,411)$$

4. 数字分析法

数字分析法是对各个关键字的各个码位进行分析,取关键字中某些取值较分散的数字位作为散列地址的方法。它适合于所有关键字已知,便于对关键字中每一位的取值分布情况做出分析。

例如,有一组关键字为(82 117 600,82 316 370,72 719 628,62 413 638,62 516 818, 62 614 638,62 811 368,62 914 320),通过分析可知,每个关键字从左到右的第 1、2、4、6 位和第 8 位取值较集中,不宜作散列地址。余第 3,5,7 取值较分散,如果存储区地址为 000～999,可选 3、5、7 位上的地址为散列地址,则散列地址分布为 170,367,792,433,561,643、816 和 942。

由于数字分析法需预先知道各位上字符的分布情况,这就大大限制了它的实用性。

5. 折叠法和移位法

折叠法是首先将关键字分割成位数相同的几段(最后一段的位数若不足应补 0),然后移位相加作为哈希地址。

移位法是将关键字分割成位数相同的几段,然后移位相加作为哈希地址。

[例 8 - 8]　关键字 key＝582　123　342,散列地址为 3 位,则将此关键字从左到右每 3 位一段进行划分,得到的三段为 582,123 和 342,用折叠法和移位法得到的散列地址分别如图 8 - 13(a)和图 8 - 13(b)所示。

```
      2 8 5              5 8 2
      1 2 3              1 2 3
   ＋  2 4 3          ＋  3 4 1
   ─────────          ─────────
      6 5 1            1 0 4 7
   (a) 折叠法          (b) 移位法
```

图 8 - 13　由折叠法和移位法求散列地址

由于散列地址为 3 位,所以,用折叠法 $H(key)＝651$,用移位法 $H(key)＝047$

如果关键字长度不是要求位数的整倍,则可采用折叠法和移位法,得到的哈希地址比较均匀。

6. 随机数法

选择一个随机函数,取关键字的随机函数值为它的散列地址,即

$$H(key)＝random(key)$$

其中,random 为随机函数。通常,当关键字长度不等时,采用此法构造散列地址较恰当。

8.4.3 解决冲突的主要方法

在实际应用中,散列函数发生冲突是不可避免的,常用的处理冲突的方法有开放地址法和链地址法。前者是将所有结点均存放在散列表中;后者是将互为同义词的结点链成一个单链表,而将该链表的头指针放在散列表中。

1. 开放地址法

开放地址法是将所有结点均存放在散列表中,其解决冲突的做法是:当发生冲突时,使用某种探测技术在散列表中形成一个探测序列,沿此序列逐个单元查找,直到找到给定的关键字或者遇到一个开放的地址(即该地址单元为空)为止。插入时探测到开放的地址,则可将待插入的新结点存入该地址单元;查找时探测到开放的地址,则表明表中无待查的关键字,即查找失败。为了便于发现冲突和溢出,用开放地址法建立散列表时,首先要对哈希表进行初始化,把表中所有单元置空。

开放地址法的一般形式为:

$$H_i = H(key) + d_i) \% m \quad i = 1,2,3,\cdots,m-1$$

其中:$H(key)$ 为散列函数,di 为增量序列,m 为散列表长。$H(key)$ 是初始的探测位置,后续的探测位置依次 $H_1, H_2, \cdots, H_{m-1}$,即 $H(key)$,因此形成了一个探测序列。

按照形成探测序列的方法不同,可将开放地址法分为线性探测法、二次探测法、随机探测法。

(1)线性探测法。$d_i = 1,2,3,m-1$。线性探测法的基本思想是:将散列表上 $HT[0..m-1]$ 看成是一个循环表,若初始探测的地址为 p(即 $H(key) = p$),则最长的探测序列为:$p,p+1,p+2,\cdots,m-1,0,1,\cdots,p-1$,也就是说,探测时从地址 p 开始,首先探测 $HT[p]$,然后依次探测 $HT[p+1],\cdots,HT[m-1]$,此后又循环到 $HT[0],HT[1],\cdots HT[p-1]$.,直到找到一个最靠近的空位,把待插入的新记录装入这个空位上,如果直到探测到 $HT[p]$ 仍未发现有空位,则说明哈希表已满,需进行溢出处理。

[例8-9] 已知一组关键字为(39,25,40,30,19,60,11,36),散列函数 $H(key) = key \% 11$,将其装入散列表 $HT[0..10]$ 中。

首先用散列函数计算散列地址,若该地址为空,则插入新结点;否则进行线性探测。

$H(39) = 6$,插入 $HT[6]$;

$H(25) = 3$,插入 $HT[3]$;

$H(40) = 7$,插入 $HT[7]$;

$H(30) = 8$,插入 $HT[8]$;

$H(19) = 8$,发生冲突,经过线性探测,插入 $HT[9]$;

$H(60) = 5$,插入 $HT[5]$;

$H(11) = 0$,插入 $HT[0]$;

$H(36) = 3$,发生冲突,经过线性探测,插入 $HT[4]$。

散列表,如图8-14所示。

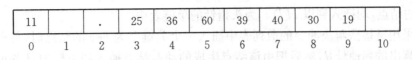

11		.	25	36	60	39	40	30	19	
0	1	2	3	4	5	6	7	8	9	10

图 8-14　利用线性探测法得到的散列表

用线性探测法处理冲突,思路清晰,算法简单,但很容易出现堆聚现象,即线性探测法可能使第 i 个散列地址的同义词存入第 $i+1$ 个散列地址,这样本应存入第 $i+1$ 个散列地址的元素变成了第 $i+2$ 个散列地址的同义词,……,因此,可能出现很多元素在相邻的散列地址上“堆积”起来,大大降低了查找效率。因此为了改善“堆聚”问题,可采用下列探测法。

(2) 线性补偿探测法。线性补偿探测法的基本思想是:将线性探测的步长从 1 改为 Q,即 $j=(j+1)\%m$ 改为:$j=(j+Q)\%m$,而且要求 Q 与 m 是互质的,以便能探测到哈希表中的所有单元。

(3) 随机探测法。随机探测的基本思想是:将线性探测的步长从常数改为随机数,即令:$j=(j+RN)\%m$,其中 RN 是一个随机数。在实际程序中应预先用随机数发生器产生一个随机序列,将此序列作为依次探测的步长。这样就能使不同的关键字具有不同的探测次序,从而可以避免或减少堆聚。基于与线性探测法相同的理由,在线性补偿探测法和随机探测法中,删除一个记录后也要做删除标记

(4) 二次探测法。$d_i=1^2,-1^2,2^2,-2^2,\cdots$二次探测法的探测序列依次是 $d+1^2,d-1^2,d+2^2,d-2^2,\cdots$也就是说,发生冲突时,将同义词来回散列在第一个地址 $d=H(key)$ 的两端。

[例 8-10] 已知一组关键字为 $(56,6,26,20,60,48)$,按散列函数 $H(key)=key\%11$ 和二次探测法处理冲突将其填入长度为 11 的散列表 $HT[0..10]$ 表中。

$H(56)=1$,插入 $HT[1]$;

$H(6)=6$,插入 $HT[6]$;

$H(26)=4$,插入 $HT[4]$;

$H(20)=9$,插入 $HT[9]$;

$H(48)=4$,发生冲突,经过二次探测,得到的地址为 5,仍有冲突,再经过二次探测,得到的地址为 3,无冲突,因此将 48 填入 $HT[3]$。最后生成的散列表,如图 8-15 所示。

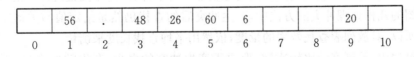

	56	.	48	26	60	6			20	
0	1	2	3	4	5	6	7	8	9	10

图 8-15　利用二次探测法得到的散列表

虽然二次探测法减少了堆积的可能性,但是二次探测法不容易探测到整个散列表空间,只有当表长 m 为 $4j+3$ 的素数时,才能探测到整个表空间,这里 j 为某一正整数。

2. 链地址法

前面所讲的线性探测性、线性补偿探测法还是二次探测法,都没有很好地解决删除和溢出处理问题,相比之下,链地址法能使这两个问题得到圆满地、自然地解决。链地址法处理冲突的办法是,将所有关键字为同义词的结点链接在同一个单链表中。若散列函数的值域为 0 到 $m-1$,则可将散列表定义为一个由 m 个头指针组成的指针数组 $HT[m]$,凡是散列

地址为 i 的结点,均插入到以 $HT[i]$ 为头指针的单链表中。

当向采用链接法解决冲突的散列表中插入一个关键字为 key 的结点时,首先根据关键字 key 计算出散列地址 d,然后把由该结点生成的动态结点插入到下标为 d 的单链表的表头(可插入到单链表中的任何位置,但插入表头最方便)。查找时,首先计算出散列地址 d,然后从下标为 d 的单链表中顺序查找关键字为 key 的结点,若查找成功,则返回该结点的存储地址;若查找失败,则返回空指针。

【例 8-11】 已知一组关键字为(39,36,28,38,31,15,68,12,19,51,25),则按散列函数 $H(key)=key\%13$ 和链地址法构造所得的散列表如图 8-16 所示。

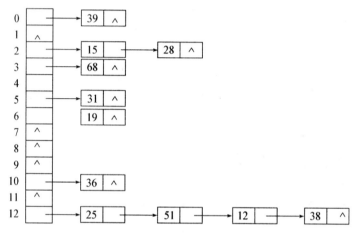

图 8-16　链地址法处理冲突构造散列表示意图

链地址法的优点是:链地址法不会产生堆积现象,因而平均查找长度较短;由于链地址法中各单链表上的结点空间是动态申请的,故它更适合于造表前无法确定表长的情况。

8.4.4　查找效率的分析

散列表的查找过程基本上和造表过程相同。一些关键字可通过散列函数转换的地址直接找到,另一些关键字在散列函数得到的地址上产生了冲突,需要按处理冲突的方法进行查找。在介绍的几种处理冲突的方法中,产生冲突后的查找仍然是给定值与关键字进行比较的过程。所以,对散列表查找效率的量度,依然用平均查找长度来衡量。

查找过程中,关键字的比较次数,取决于产生冲突的多少,产生的冲突少,查找效率就高,产生的冲突多,查找效率就低。因此,影响产生冲突多少的因素,也就是影响查找效率的因素。影响产生冲突多少有以下 3 个因素:(1) 散列函数是否均匀;(2) 处理冲突的方法;(3) 散列表的装填因子。

尽管散列函数的好坏直接影响冲突产生的频度,但一般情况下,总认为所选的散列函数是均匀的。因此,可不考虑散列函数对平均查找长度的影响。就线性探测法和二次探测法处理冲突的例子看,相同的关键字集合、同样的散列函数,但在查找等概率情况下,它们的平均查找长度却不同。

例如,例 8-9 和 8-11 两个散列表,在查找概率相等的前提下,平均查找长度分别为:

$$ASL_{线性探测法} = (6+2+2)/8 = 10/8 \approx 1.25$$
$$ASL_{链地址法} = (1*7+2*2+3*1+4*1)/11 = 18/11 \approx 1.64$$

在一般情况下,处理冲突方法相同的散列表,其平均查找长度依赖于表的装填因子。散列表的装填因子定义为:

$$\alpha = \frac{填入表中的元素个数}{散列表的长度}$$

α 是散列表装满程度的标志因子。由于表长是定值,α 与"填入表中的元素个数"成正比,所以,α 越大,填入表中的元素较多,产生冲突的可能性就越大;α 越小,填入表中的元素较少,产生冲突的可能性就越小。

当数据量很大时,在散列存储中,插入和查找的速度是相当快的,它优于前面介绍过的任一种方法,散列存储的缺点是:

(1) 根据关键字计算散列地址需要花费一定的计算时间,若关键字不是整数,则首先要把它转换为整数,为此要花费一定的转换时间。

(2) 占用的存储空间较多,因为采用开放定址法解决冲突的散列表总是取 α 值小于 1,采用链接法处理冲突的散列表同线性表的链接存储相比多占用一个具有 m 个位置的指针数组空间。

(3) 在散列表中只能按关键字查找元素,而无法按非关键字查找元素。

(4) 线性表中元素之间的逻辑关系无法在散列表中体现出来。

8.5　实训案例与分析

【实例 1】　分别利用顺序表查找法和二分查找的方法对有序顺序表进行查找

【实例分析】

顺序查找的算法可应用于任何存储形式,但是二分查找只能对有存表进行,所以程序中利用递增排列的一维数组实现上述两个算法。

程序需完成如下功能:

输入一系列有序数,输入存在的元素,查找成功,输入不存在的元素,查找不成功。

1. 源程序与程序运行结果

```
#include "stdio. h"
#define MAX100
intQsearch(int A[],int n,int k)    /* 顺序查找子函数 */
{ int t=0;   /* t 变量用于返回查到的元素下标 */
  while(A[t]! =k&&t<n)
    t++;
  if(t>=n)    /* 若未查到返回 -1 */
    t=-1;
  return(t);
}
intTsearch(int A[],int n,int k)    /* 二分查找子函数 */
```

```
{ int l=0,h=n-1,flag=0,t;    /*flag 为标志位,查到为 1,查不到为 0,l 和 h 为每次查找的起始和
终结位置 */
    while(l<=h&&flag==0) {
        t=(l+h)/2;
    if(A[t]==k)
            flag=1;
        else {
            if(A[t]>k)
                h=t-1;
            else
                l=t+1;}
    }
    if(flag==0)    /*通过判断 flag 的值来确定是否查到 */
        t=-1;
    return(t);
}
void main()
{ int a[MAX],i,k,n,x;
    printf("input the   list length(n):");
    scanf("%d",&n);
    while(n<=0) {
        printf("the n<=0 input again(n)!");  /*若输入长度是小于或等于 0,则重输 */
        scanf("%d",&n);}
    printf("input the data\n");
    for(i=0;i<n;i++) {    /*依次输入 n 个递增的数 */
        printf("the %d data is:",i+1);
        scanf("%d",&a[i]);}
    printf("input searched digital:");    /*输入待查值 */
    scanf("%d",&k);
    x=Qsearch(a,n,k);    /*x 接收查找的结果 */
    if(x==-1)
        printf("the Asearch is fail! \n");
    else {
        printf("the Qsearch is success! \n");
        printf("the %d element %d\n",x+1,k);}
    x=Tsearch(a,n,k);
    if(x==-1)
        printf("the Tsearch is fail! \n");
    else {
        printf("the Tsearch is success! \n");
    printf("the %d element %d\n",x+1,k);
}}
```

程序运行结果为:

1. 查找成功的运行结果如下：

input the   list length(n):8

input the data

the 1 data is:1

the 2 data is:2

the 3 data is:5

the 4 data is:23

the 5 data is:45

the 6 data is:56

the 7 data is:67

the 8 data is:78

input searched digital:56

the Qsearch is success!

the 6 element 56

the Tsearch is success!

the 6 element 56

2. 查找不成功的运行结果如下：

input the   list length(n):8

input the data

the 1 data is:1

the 2 data is:2

the 3 data is:5

the 4 data is:23

the 5 data is:45

the 6 data is:56

the 7 data is:67

the 8 data is:78

input searched digital:35

the Asearch is fail!

the Tsearch is fail!

【实例 2】　学生成绩查询

【实例分析】

建立学生成绩表，根据学号查询某同学的成绩。

为简单起见，学生信息里只包含学号和一门课程的成绩，按学号递增有序存放。要求按学号查询某学生成绩并输出。

（1）设学生人数 10 个，成绩初始化时建立（也可设计循环输入成绩及人数）。

（2）采用二分法查找。

【数据结构】

```
typedef struct {          /＊定义元素类型＊/
    KeyType key;          /＊关键字学号＊/
    int score;            /＊成绩＊/
}ElemType;
```

```
typedef struct {          /*定义顺序表类型*/
    ElemType * elem;
    int length;
}SSTable;
```

【参考程序】

```
#include "stdio. h"
#define KeyType int
#define MAXSIZE 30
typedef struct {          /*定义元素类型*/
    KeyType key;          /*关键字学号*/
    int score;            /*成绩*/
}ElemType;
typedef struct {          /*定义顺序表类型*/
    ElemType * elem;
    int length;
}SSTable;

int Search_Bin(SSTable ST,KeyType key) /*二分查找函数*/
{   int low,mid,high;
    low=1;high=ST. length;
    while(low<=high)
    {       mid=(low+high)/2;
    if(key==ST. elem[mid]. key) return mid;
    else if(key<ST. elem[mid]. key) high=mid-1;
      else   low=mid +1;
    }
}
main()
{
ElemType stu[]={1,78,2,96,3, 80,4,94,5,68,6,90,7,97,8,90,9,100,10,90};
        /*初始化成绩表*/
SSTable   class;
int i,j,k=1;
class. elem=stu;
class. length=10;
printf("This class has %d students. \n",class. length);
while(k>0) /*输出班级学生数*/
  {
  printf("\nInput num(>0) you want search : ");
  scanf("%d",&k);              /*输入学号,0 退出*/
  j=Search_Bin(class,k);   /*查找*/
printf("\noutput score : ");       /*输出成绩*/
  printf("%d\n",class. elem[j]. score);
```

```
   }
}
```

【测试数据与结果】

Input num(＞0) you want search：8

output score：90

Input num(＞0) you want search：9

output score：100

Input num(＞0) you want search：1

output score：78

Input num(＞0) you want search：3

output score：80

Input num(＞0) you want search：5

output score：68

Input num(＞0) you want search：0

复习思考题

一、选择题

1. 利用逐点插入法建立序列(52,74,45,84,77,22,36,47,66,32)对应的二叉排序树以后,查找元素 36 要进行(   )次元素间的比较。

    A. 4   B. 5   C. 7   D. 10

2. 对二叉排序树进行(   )遍历,可以得到该二叉树所有结点构成的排序序列。

    A. 前序   B. 中序   C. 后序   D. 按层次

3. 顺序查找法适合于存储结构为(   )的线性表。

    A. 散列存储   B. 顺序存储或链接存储

    C. 压缩存储   D. 索引存储

4. 对线性表进行二分查找时,要求线性表必须(   )。

    A. 以顺序方式存储

    B. 以链接方式存储

C. 以顺序方式存储,且结点按关键字有序排序

D. 以链接方式存储,且结点按关键字有序排序

5. 设散列表长 $m=12$,散列函数 $H(key)=key\%11$。表中已有 4 个结点,$addr(15)=4$,$addr(33)=5$,$addr(67)=6$,$addr(84)=7$,其余地址为空,若用二次探测法处理冲突,关键字为 60 的结点的地址是(　　)。

A. 8　　　　　　B. 3　　　　　　C. 5　　　　　　D. 9

6. 采用顺序查找方法查找长度为 n 的线性表时,每个元素的平均查找长度为(　　)。

A. n　　　　B. $(n+1)/2$　　　C. $n/2$　　　D. $(n-1)/2$

7. 采用二分查找方法查找长度为 n 的线性表时,每个元素的平均查找长度为(　　)。

A. $O(n^2)$　　B. $O(\log n)$　　　C. $O(n)$　　　D. $O(\log_2 n)$

8. 有一个有序表为 $\{10,13,19,22,32,43,45,62,75,77,82,85,99\}$,当二分查找值为 82 的结点时,(　　)次比较后查找成功。

A. 1　　　　　　B. 2　　　　　　C. 4　　　　　　D. 8

9. 有一个长度为 12 的有序表,按二分查找法对该表进行查找,在表内各元素等概率情况下查找成功所需的平均比较次数为(　　)。

A. 35/12　　　B. 37/12　　　C. 39/12　　　D. 43/12

10. 采用分块查找时,若线性表中共有 324 个元素,查找每个元素的概率相同,假设采用顺序查找来确定结点所在的块时,每块应分(　　)个结点最佳。

A. 10　　　　　B. 18　　　　　C. 6　　　　　D. 324

11. 如果要求一个线性表既能较快地查找,又能适应动态变化的要求,可以采用(　　)查找方法。

A. 分块　　　　B. 顺序　　　　　C. 二分　　　　D. 散列

12. 若表中的记录顺序存放在一个一维数组中,在等概率情况下顺序查找的平均查找长度为(　　)。

A. $O(1)$　　　B. $O(\log_2 n)$　　　C. $O(n)$　　　D. $O(n^2)$

13. 设有一个长度为 100 的已排好序的表,用二分查找进行查找,若查找不成功,至少比较(　　)次。

A. 9　　　　　　B. 8　　　　　　C. 7　　　　　　D. 6

14. 在有 n 个结点的二叉排序树中查找一个元素时,最坏情况下的时间复杂度为(　　)。

A. $O(n)$　　　B. $O(n^3)$　　　C. $O(\log_2 n)$　　　D. $O(n^2)$

15. 下列关于 m 阶 B-树的说法错误的是(　　)。

A. 所有叶子都在同一层次上

B. 根结点至少有 2 棵子树

C. 非叶结点至少有 $m/2$(m 为偶数)或 $m/2+1$(m 为奇数)棵子树

D. 当插入一个关键字引起 B-树结点分裂后,树会长高一层。

二、填空题

1. 在各种查找方法中,平均查找长度与结点个数 n 无关的查法方法是_____。

2. 二分查找的存储结构仅限于_____,且是_____。顺序存储结构,有序的

3. 在分块查找方法中,首先查找_____,然后再查找相应的_____。

4. 长度为 625 的表,采用分块查找法,每块的最佳长度是_____。

5. 在散列函数 $H(key)=key\%p$ 中,p 应取_____。

6. 假设在有序线性表 $A[1\cdots8]$ 上进行二分查找,则比较一次查找成功的结点数为_____,则比较二次查找成功的结点数为_____,则比较三次查找成功的结点数为_____,则比较四次查找成功的结点数为_____。

7. 已知一个有序表为 $(13,16,20,25,28,32,42,64,83,91,94,98)$,当二分查找值为 29 和 91 的元素时,分别需要(　　)次和(　　)次比较才能查找成功;若采用顺序查找时,分别需要(　　)次和(　　)次比较才能查找成功。

8. 从一棵二叉排序树中查找一个元素时,若元素的值小于根结点的值,则继续向_____查找,若元素的值大于根结点的值,则继续向_____查找。

9. 二叉排序树是一种_____查找表。

10. 哈希表既是一种存储方法,又是一种_____方法。

11. 处理冲突的两类主要方法是_____和_____。

12. 对于线性表 $(72,34,55,23,64,40,23,100)$ 进行散列存储时,若选用 $H(K)=K\%11$ 作为散列函数,则散列地址为 1 的元素有_____个,散列地址为 7 的元素有_____个。

三、判断题

1. 在索引顺序表上实现分块查找,在等概率查找情况下,其平均查找长度不仅与表的个数有关,而且与每一块中的元素个数有关。　　　　　　　　　　　　　　(　　)

2. 分块查找适用于任何有序表或者无序表。　　　　　　　　　　　(　　)

3. 分块查找中,每一块的大小是相同的。　　　　　　　　　　　　(　　)

4. 构造一个好的散列函数必须均匀,即没有冲突。　　　　　　　　(　　)

5. 二分查找只适用于有序表,包括有序的顺序表和有序的链表。　　(　　)

6. 用二分查找法对一个顺序表进行查找,这个顺序表可以是按各键值排好序的,也可以是没有按键值排好序的。　　　　　　　　　　　　　　　　　　　　(　　)

7. 二叉排序树是一种特殊的线性表。　　　　　　　　　　　　　　(　　)

8. 哈希法是一种将关键字转换为存储地址的存储方法。　　　　　　(　　)

9. 散列表的查找效率主要取决于所选择的散列函数与处理冲突的方法。(　　)

10. 二分查找,查找每个元素所需的查找次数均比用顺序查找所需的查找次数要少。　　　　　　　　　　　　　　　　　　　　　　　　　　　　　　　(　　)

四、应用题部分

1. 构造有 12 个元素的二分查找的判定树,并求解下列问题:

(1) 各元素的查找长度最大是多少?

(2) 查找长度为 1、2、3、4 的具体是哪些元素?

(3) 对关键字序列 $(07,12,15,18,27,32,41,92,117,132,148,156)$ 中用二分查找法查找和给定值 92 相等的关键字,在查找过程中依次需要哪些关键字比较。

2. 用序列 $(47,88,45,39,71,58,101,10,66,34)$ 建立一个排序二叉树,画出该树,求在等概率情况下查找成功的平均查找长度,并用中序遍历该二叉排序树。

3. 设散列表容量为 7,给定表(30,35,47,54,24,56),散列函数 $H(K)=k \bmod 6$,采用线性探测解决冲突,要求:

(1) 构造此散列表(散列地址为 0～6)。

(2) 求查找 24 需要进行比较的次数。

4. 已知一组关键字为(85,26,38,8,27,132,68,95,87,23,70,63,147),散列函数为 $H(k)=k\%11$,采用链地址法处理冲突。设计出这种链表结构,并求该表平均查找长度。

五、查找的算法设计

1. 编写一个函数,利用二分查找法在一个有序表中插入一个元素X,并保持表的有序性。

2. 设计一个算法,以求出给定二叉排序树中值为最大的结点。

3. 假设二叉排序树采用链表结构存储,设计一个算法,从大到小输出该二叉排序树中所有关键字不小于 X 的数据元素。

六、编程练习

1. 电话查询系统。设计某单位全体员工的电话号码查询系统,可以根据姓名,查询得到某员工的电话号码。

2. 判定给定的二叉树是否是二叉排序树。

第 9 章

排 序

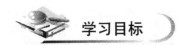

学习目标

系统学习数据处理中的各种排序方法。

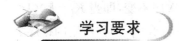

学习要求

➢ 掌握：每一种排序方法的原理，能够写出对已知一组数据的采用每一种排序方法的具体排序过程。

➢ 掌握：每一种排序方法在最好、平均和最坏情况下的时间复杂度和空间复杂度。

➢ 掌握：每一种排序方法所对应的具体算法描述。

9.1 排序基本概念

9.1.1 排序概念

排序(sorting)又称分类，就是把一批任意序列的数据记录按关键字重新排成一个有序的序列，从而可以提高数据表的直观性，方便以后查询，并提高查找效率。排序是计算机程序设计中的一种重要操作，也是日常生活中经常遇到的问题，如图书馆中书籍的摆放和索引卡的建立就是按某种次序进行的。

排序的定义如下：

假设含 n 个记录的序列为

$$[R_1, R_2, \cdots, R_n] \tag{9-1}$$

其相应的关键字序列为

$$[K_1, K_2, \cdots, K_n]$$

需确定 $1, 2, \cdots, n$ 的一种排列 $p_1, p_2, \cdots, p_n$，使其相应的关键字满足下列的非递减（或非递增）关系：

$$K_{p1} \leqslant K_{p2} \leqslant \cdots \leqslant K_{pn} \tag{9-2}$$

使式(9-1)的序列成为一个按关键字有序的序列

$$\{R_{p1}, R_{p2}, \cdots, R_{pn}\} \tag{9-3}$$

这样的操作称为排序。

上述排序定义中的关键字 K_i 可以是记录 $R_i(i=1,2,\cdots,n)$ 的主关键字,也可以是记录 R_i 的次关键字,甚至是若干数据项的组合。为了讨论方便,把排序所依据的数据项统称为排序关键字,简称关键字。

9.1.2　排序分类

排序的方法很多,一般分为以下几种:

1. 稳定排序和不稳定排序

在待排序的记录中如果关键字值是唯一的,则任何一组记录经过排序后得到的结果是唯一的;如果待排序的记录中有两个或两个以上关键字值相同的记录,则排序的结果不唯一。在用某种方法排序之后,这些关键字相同的记录相对先后次序不变,即当 $K_i=K_j$ ($1\leqslant i\leqslant n,1\leqslant j\leqslant n,i\neq j$)且 $i<j$ 时,若在排序后的序列中 R_i 仍然领先于 R_j,则称所用的排序方法是稳定的;反之,若排序后的序列中 R_i 落后于 R_j,则称所用的排序方法是不稳定的。

2. 内部排序和外部排序

按排序过程中所使用的存储设备的不同,排序可以分成内部排序(internal sorting)和外部排序(external sorting)两大类。

内部排序是指在排序的整个过程中,数据全部存放在计算机的内存储器中进行的排序,在此期间没有进行内、外存储器的数据交换。其排序方法包括插入排序、交换排序、选择排序、归并排序和基数排序等。

外部排序是指待排序记录的数量很大,以致内存不能依次容纳全部记录,所以排序的过程中,数据的主要部分存放在外存储器上,借助与内存储器逐步调整记录之间的相对位置。在这个过程中,需要不断地在内、外存储器之间进行数据的交换。

为了讨论方便,在本章讨论的大部分算法中,把排序关键字假设为整型,待排序记录的数据结构定义为:

```
#defineMaxSize 20    /*顺序表最大长度*/
typedef struct
{        int key;        /*关键字项*/
         InfoType    oterinfo;    /*其他数据项,根据需要自己设定*/
}RcdType;    /*记录类型*/
RcdType r[MaxSize +1];    /*顺序表,其中 r[0]闲置或用作哨兵单元*/
```

如果待排序记录为 n 个,则要求 n ≤ MaxSize

9.2　插入排序

插入排序(Insertion Sort)的基本思想是:每步将一个待排序的记录按其排序码关键字的大小插到前面已经排好的文件中的适当位置,直到全部插入完。本节主要介绍直接插入排序、折半插入排序和希尔排序 3 种方法。

9.2.1　直接插入排序

直接插入排序(Straight Insertion Sort)是一种最简单的排序方法,它的操作思想是:假设待排序的记录存放在数组 $R[1\cdots n]$ 中。初始时,$R[1]$ 为一个有序区,无序区为 $R[2\cdots n]$。从 $i=2$ 起直至 $i=n$ 为止,依次将 $R[i]$ 插入当前的有序区 $R[1..i-1]$ 中,生成含 n 个记录的有序区。在具体实现时,有两种方法,一种方法是让将待插入记录 $R[i]$ 的关键字从右向左依次与有序区中记录 $R[j](j=i-1,i-2,\cdots,1)$ 的关键字进行比较,另一种是将待插入记录 $R[i]$ 的关键字从左向右依次与有序区中记录 $R[j](j=1,2,\cdots,i-1)$ 的关键字进行比较。这里是采用的第一种方法。

【算法思想】直接插入排序采用比较操作和移动操作交替地进行的方法,将待插入记录 $R[i]$ 的关键字从右向左依次与有序区中记录 $R[j](j=i-1,i-2,\cdots,1)$ 的关键字进行比较。

(1) 若 $R[j]$ 的关键字大于 $R[i]$ 的关键字,则将 $R[j]$ 后移一个位置。

(2) 若 $R[j]$ 的关键字小于或等于 $R[i]$ 的关键字,则查找过程结束,$j+1$ 即为 $R[i]$ 的插入位置。此时比 $R[i]$ 的关键字大的记录均已后移,$j+1$ 的位置已经留空,只要将 $R[i]$ 直接插入此位置即可完成一次直接插入排序。

[例 9 - 1]　设有一组关键字序列为(48,35,18,45,12,68,33),这里 $n=7$,即有 7 个记录,请将其按由小到大的顺序排序。排序过程如图 9-1 所示。

```
[初始关键字]:   [48]    35    18    45    12    68    33
    i=2        [35    48]   18    45    12    68    33
    i=3        [18    35    48]   45    12    68    33
    i=4        [18    35    45    48]   12    68    33
    i=5        [12    18    35    45    48]   68    33
    i=6        [12    18    35    45    48    68]   33
    i=7        [12    18    33    35    45    48    68
```

图 9-1　直接插入排序示意图

直接插入排序的算法源代码如算法 9.1。

【算法 9.1】

```
void InsertSort (RcdType  r[],int n  )
    /*对表 r 中的 n 个记录进行排序,r[0]为监视哨*/
    for (i=2;i<=n;i++) {
        r[0]=r[i];              /*设置监视哨*/
        j=i-1;
        while (r[0].key<r[j].key){
        r[j+1]=r[j];j--;         /*记录后移*/
            }
        r[j+1]=r[0];  /*插入存放在 r[0]中的原记录 r[i]*/
        }
}  /*InsertSort*/
```

此算法外循环 $n-1$ 次;当初始输入数据(记录)已排好后,对于循环变量 j 的每一取值仅仅作一次比较,故排序时间是 $O(n)$,如果初始输入记录是逆序排列的,则整个排序时间是 $O(n^2)$,所以在一般情况下内循环平均比较次数的数量级为 $O(n)$,算法总时间复杂度为 $O(n^2)$。

从算法的复杂度来看,算法所需的辅助空间 $r[0]$ 是一个监视哨,辅助空间复杂度 $S(n)=O(1)$。

在比较过程中,当 R_j 与 R_0 相等时并不移动记录,这样就保证了关键字相同的记录排序前后的相对次序不变,因此直接插入排序方法是稳定的。

9.2.2　折半插入排序

折半插入排序又称为二分插入排序,是在直接插入排序的基础上改进的一种算法。由于插入排序的操作是在一个有序序列中进行比较和插入,为降低比较次数,采用折半插入排序。

算法思想:首先进行"折半查找",折半就是用所插入的记录的关键字和有序序列的中间记录的关键字比较,若二者相等,则查找成功,否则可以根据比较的结果来确定下次的查找区间。若插入的记录关键字小于有序序列中间的记录关键字,那么下次查找的区间在中间记录之前,否则在中间记录之后。然后在新的查找区间进行同样的查找,经过多次折半查找,直到找到插入位置为止,然后进行插入操作。

[例 9 - 2]　若有 5 个记录已经排好序,插入新的关键字 65。

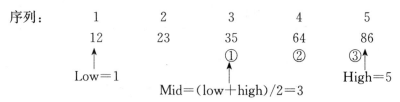

(1) 取关键字 65,与序列中间位置①的关键字比较,65>35,low=4,在后半区继续找。

(2) 再后后半区位置②比较 ,65>64,这时 low=5,再在后半区继续找。

(3) 最后和 86 比较,找到插入位置③,86 元素后移,最后插入 65。

算法代码如算法 9.2。

【算法 9.2】

```
void BinsertSort (RedType r[ ],int n)
{
    int i,j,low,high,mid;
    for(i=2;i<n;i++)
    { r[0]=r[i];
        low=1;
        high=i-1;
        while(low<=high)
        { mid=(low+high)/2;
            if(r[0]. key<r[mid]. key)　high=mid-1; /＊插入点在前半区 ＊/
```

```
            else   low=mid+1;           /*插入点在后半区*/
              }
    for(j=i-1;j>=low;j——)
              r[j+1]=r[j];
       r[low]=r[0]; /*插入*/
              }
         }
```

从算法代码中不难看出,二分插入排序仅减少了关键字间的比较次数,而记录的移动次数不变,因此二分插入排序的时间复杂度仍然是 $O(n^2)$。二分插入排序所需附加存储空间和直接插入排序相同,因此也是一个稳定的排序方法。

9.2.3 希尔排序

希尔排序(Shell Sort)又称为缩小增量排序,因 D. L. Shell 于 1959 年提出而得名。该方法在本质上是一种分组插入方法,它不是每次对逐个元素进行比较,而是先将整个待排记录序列分割成为若干字序列,分别进行直接插入排序,待整个序列中的记录基本有序时,再对全体记录进行一次直接插入排序,这样大大减少了记录移动次数,提高了排序效率,是对直接插入排序的一种改进。

基本思想:先取一个整数 $d_1(d_1<n)$ 作为第一个增量,把文件的全部记录分成 d_1 个组。所有距离为 d_1 的倍数的记录放在同一个组中,然后在各组内进行直接插入排序;接着,取第二个增量 $d_2<d_1$ 重复上述的分组和排序,直至所取的增量 $d_t=1(d_t<d_{t-1}<\cdots<d_2<d_1)$,即所有记录放在同一组中进行直接插入排序为止。

[例9-3] 设有一组关键字序列(83,72,47,36,87,30,12,67)记录数 n 等于 8,进行希尔排序(从小到大)的过程如图 9-2 所示,间隔值序列取 4,2,1。

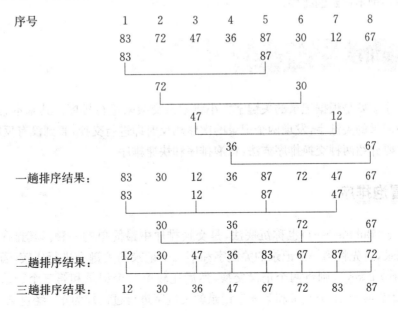

图9-2 希尔排序示意图

希尔排序的算法代码如下：

【算法 9.3】

```
void ShellSort (RedType   r[ ],int n)
  {/ * 用 shell 排序法对一组记录 r[ ]排序 * /
   int i,j,d＝n;
   d＝d/2;
     while (d＞0)
      {
      for(i＝d+1;i＜＝n;i++){/ * 分组排序 * /
        {r[0]＝r[i];j＝i-d;
        while (j＞＝0&&r[0]. key＜r[j]. key)
        {r[j+d]＝r[j];j＝j-d;}
        r[j+d]＝r[0];
        }
   d＝d/2;      / * 缩小增量值 * /
   }
 }
```

此算法是增量由 $n/2$ 逐步缩小到 1 的循环。可见希尔排序是每一趟以不同的间隔距离进行的插入排序,当 d 较大时,被移动的记录是跳跃式进行的,在排序开始时增量较大,分组较多,每组的记录数目少,故各组内直接插入较快,后来增量 di 逐渐缩小,分组数逐渐减少,而各组的记录数目逐渐增多,到最后一次排序时($d=1$),许多记录已经有序,不需要多少移动,所以提高了排序的速度。因此,希尔排序在效率上较直接插入排序有较大的改进,性能明显优于直接插入排序。人们通过大量的实验给出了目前较好的结果:当 n 较大时,比较和移动的次数约在 $n^{1.25}$ 到 $1.6n^{1.25}$ 之间。希尔排序的时间复杂度一般是 $O(n^{1.3})$。另外,希尔排序是一种不稳定的排序。

9.3 交换排序

交换排序主要是根据记录的关键字大小将记录交换来进行排序。其基本思想是:两两比较待排序记录的关键字,发现两个记录的次序相反时即进行交换,直到没有反序的记录为止。这里主要介绍两种交换排序方法:冒泡排序和快速排序。

9.3.1 冒泡排序

冒泡排序(Bubble Sort)也称沉底法,是交换排序中最简单的一种。其排序过程为:假设有 n 个记录,首先将第一个记录的关键字和第二个记录的关键字进行比较,若为逆序(即 r[1]. key＞r[2]. key),则将两个记录交换,然后比较第二个记录和第三个记录的关键字。以此类推,直至第 $n-1$ 个记录和第 n 个记录的关键字进行过比较为止。经过第一趟起泡排序,其结果为关键字最大的记录被安置到最后一个记录的位置上。然后进行第二趟起泡排序,对前 $n-1$ 个记录进行同样操作,其结果是使关键字次大的记录被安置到第 $n-1$ 个记录的位置上。依此类推,直至第 n 个记录和第 $n-1$ 个记录的关键字进行比较/交换为止。因此在排序的过程中,关键字较小的记录好比水中气泡逐趟向上飘浮,而关键字较大的记录好比石块往下沉,每一趟有一块"最大"的石头沉到水底,故称为"冒泡排序"。

整个排序过程最多进行 $n-1$ 趟排序,如果在一趟排序过程中没有进行过交换记录的操作。说明关键字已经有序,不必进行后面的排序,排序结束。因此排序的趟数可能小于 $n-1$ 趟。

[例 9-4] 有一组关键字[7,4,3,8,2],这里 $n=4$,对其进行冒泡排序,排序的过程如图 9-3 所示。

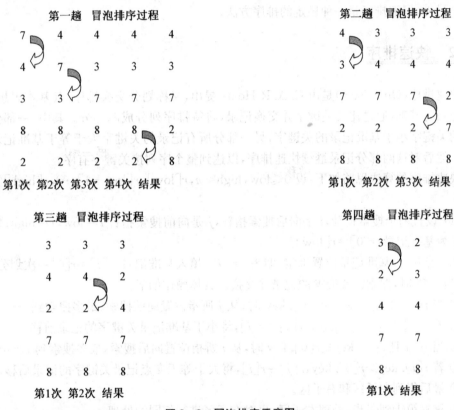

图 9-3 冒泡排序示意图

冒泡排序的相应算法如下:

【算法 9.4】

```
void BubbleSort (RedType r[ ],int n)
  {/*对表 r[1..n]中的 n 个记录进行冒泡排序*/
    int i,j,flag;
    for (i=1;i<n;i++)
    {flag=1;  /*设交换标志,flag=1 为未交换*/
     for (j=1;j<=n-i;j++)
     if(r[j+1]. key<r[j]. key)
        {flag=0;          /*已交换*/
```

```
        r[0]=r[j];
        r[j]=r[j+1];
      r[j+1]=r[0];
        }
    if(flag)  break;/* 未交换,排序结束 */
    }
  }
```

算法中 flag 为标志变量,当某一趟排序中进行过记录交换时 flag 的值为 0,未发生记录交换时 flag 的值为 1。因此当 flag=1 或 $i=n$ 时,外循环结束。算法的最坏时间复杂度为 $O(n^2)$,如果原始关键字序列已有序,只需进行一趟比较就结束,此时最好时间复杂度为 $O(n)$。另外,冒泡排序是一种稳定的排序方法。

9.3.2 快速排序

快速排序(Quick'sort)是由 C. A. R Hoare 提出,又称划分交换排序,其基本思想是:以某个记录为基准,通过比较关键字并交换记录,将待排序列分成两部分。其中,一部分所有记录的关键字小于基准记录的关键字,另一部分所有记录的关键字大于等于基准记录的关键字。然后对这两部分记录继续快速排序,以达到整个序列按关键字有序。

快速排序的算法思路如下:设 $0 \leqslant low, high < n, r[low], r[low+1], \cdots, r[high]$ 为待排序列。

(1) 设置两个搜索指针,i 是向后搜索指针,j 是向前搜索指针 $i=low, j=high$;取第一个记录为基准记录,$r[0]=r[low]$。

(2) 若 $i=j$,基准记录位置确定,即为 i 或 j。填入基准记录,$r[i]=r[0]$ 一次划分结束。否则,当 $i<j$ 时,搜索需要交换的记录并交换。具体操作如下:

① 当 $i<j$ 且 $r[j]$. key$\geqslant r[0]$. key 时,从 j 所指位置向前搜索,最多搜索到 $i+1$ 位置。

② 若 $r[j]$. key$<r[0]$. key,$r[i]=r[j]$,将小于基准记录关键字的记录前移。

③ 当 $i<j$ 且 $r[i]$. key$\leqslant r[0]$. key 时,从 i 所指位置向后搜索,最多搜索到 $j-1$ 位置。

④ 若 $r[i]$. key$>r[0]$. key,$r[j]=r[i]$,将大于等于支点记录关键字的记录后移。

⑤ 最后得到左子区和右子区。

⑥ 重复第①到④步,处理左子区,再对右子区进行相同的处理。

[例 9-5] 有一组待排序的关键字序列(32,88,14,78,50,36,20)选其中的 32 为基准,对其进行快速排序,排序过程如图 9-4 所示。

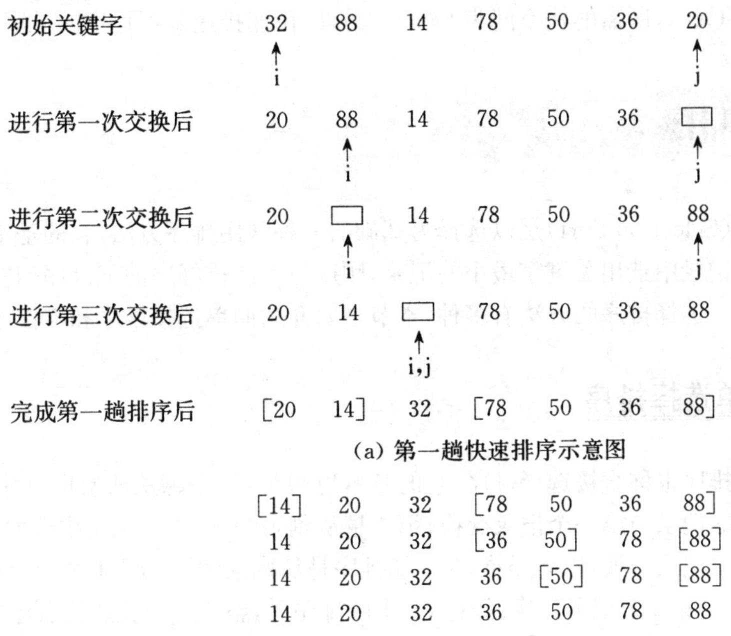

初始关键字		32	88	14	78	50	36	20
		↑i						↑j
进行第一次交换后		20	88	14	78	50	36	□
			↑i					↑j
进行第二次交换后		20	□	14	78	50	36	88
				↑i				↑j
进行第三次交换后		20	14	□	78	50	36	88
				↑i,j				
完成第一趟排序后		[20	14]	32	[78	50	36	88]

(a) 第一趟快速排序示意图

	[14]	20	32	[78	50	36	88]
	14	20	32	[36	50]	78	[88]
	14	20	32	36	[50]	78	[88]
	14	20	32	36	50	78	88

图 9-4 快速排序示意图

由此可以看出,快速排序算法要经过多趟分区处理,它是一个重复的过程,快速排序算法如下:

【算法 9.5】

```
int QuickSort (RcdType r[ ],int low,int high)
{int i,j;
 i=low;
 j=high;
 r[0]=r[i];
 while(i<j)
    {
        while(i<j && r[j].key>=r[0].key)   j--;
        if (i<j) r[i++]=r[j]; /*将关键字比 r[0]小的记录移到前面*/
        while(i<j && r[i].key<=r[0].key)  i++;
        if (i<j) r[j--]=r[i]; /*将关键字比 r[0]大的记录移到后面*/
    }
 r[i]=r[0];
 if(low<i-1)   QuickSort(r,low,i-1);
 if(high>i-1)  QuickSort(r,i+1,high);
}
```

由此可见,快速排序是一种递归的排序方法,因为快速排序的记录移动次数不大于比较的次数,所以快速排序的最好时间复杂度为 $O(n\log_2 n)$,最坏时间复杂度为 $O(n^2)$。快速排序的平均时间复杂度为 $O(n\log_2 n)$,就平均性能而言,它是基于关键字比较的内部排序算法中速度最快者,快速排序亦因此而得名。快速排序需要用栈来实现递归调用。若每次划分较为均匀,则其递归树的高度为 $O(\log_2 n)$,故递归后需栈空间为 $O(\log_2 n)$。最坏情况下递

归树的高度为 $O(n)$，所需的栈空间为 $O(n)$。另外，快速排序是不稳定的排序方法。

9.4 选择排序

选择排序(Selection Sort)是以选择为基础的一种常用排序方法，它的基本思想是：每一趟从待排序的记录中选出关键字最小的记录，顺序放在已排好序的记录序列的最后，直到全部排列完为止。选择排序的方法有多种，本节主要介绍简单选择排序和堆排序。

9.4.1 简单选择排序

简单选择排序也称直接选择排序，它的基本思想是：第一趟从所有的 n 个记录中，选取关键字值最小的记录与第一个记录交换；第二趟从剩余的 $n-1$ 个记录中选取关键字值次小的记录与第二个记录交换：以此类推，第 i 趟排序是从剩余的 $n-i+1$ 个记录中选取关键字值最小的记录，与第 i 个记录交换：经过 $n-1$ 趟排序后，整个序列就成为有序序列。

[例 9 - 6] 设有一组关键字(36,6,18,29,16,8,68,20)，其中 $n=8$，用简单选择排序法将这组记录从小到大排序，过程如图 9 - 5 所示：

```
第一趟        36    6    18    29    16    8    68    20

第二趟       [6]   36    18    29    16    8    68    20

第三趟       [6    8]   18    29    16    36    68    20

第四趟       [6    8    16]   29    18    36    68    20

第五趟       [6    8    16    18]   29    36    68    20

第六趟       [6    8    16    18    20]   36    68    29

第七趟       [6    8    16    18    20    29]   68    36

结果         [6    8    16    18    20    29    36    68]
```

图 9 - 5 简单选择排序示意图

简单选择排序算法如下：
【算法 9.6】
```
void SelectSort(RedType r[ ],int n)
{int i,j,k;
    for(i=1;i<n;i++)
    {   k=i;
        for(j=i+1;j<=n;j++)
            if(r[j].key<r[k].key)
```

```
     k=j;          /*k记下目前找到的最小关键字所在的位置*/
     if(i! =k)
     { r[0]=r[i];
       r[i]=r[k];
       r[k]=r[0];
     }
   }
}
```

简单选择排序需要外循环 $n-1$ 趟,在每一趟之中又有一个内循环,内循环要做 $n-i$ 次比较,简单选择排序的平均时间复杂度为 $O(n^2)$ 。

在简单选择排序中存在着不相邻元素之间的互换,因而可能会改变具有相同排序关键字的元素的前后位置,所以简单选择排序方法是不稳定的排序方法。

9.4.2 堆排序

堆是 n 个元素的有限序列 $(k_l, k_2, \cdots, k_n)$,当且仅当该序列满足如下性质: $k_i \leqslant k_{2i}$ 且 $k_i \leqslant k_{2i+1}$ 或 $k_i \geqslant k_{2i}$ 且 $k_i \geqslant k_{2i+1} (i=1, 2, \cdots, n/2)$ 时称之为堆,前者称为小根堆,后者称为大根堆。堆排序就是利用堆的特性进行的排序过程。

对于一棵有 n 个结点的完全二叉树,当它的结点由上到下、从左到右编号后,编号为 $1-[n/2]$ 的结点为分支结点,编号大于 $[n/2]$ 的结点为叶子结点,对于每个编号为 i 的分支结点,它的左孩子编号为 $2i$,它的右孩子编号为 $2i+1$ 。双亲结点为 $\lfloor i/2 \rfloor$ 。

将序列对应的一维数组看成是一个完全二叉树,小根堆序列对应的完全二叉树中所有分支结点的值均大于等于其左右孩子结点的值,大根堆序列对应的完全二叉树中所有分支结点的值均小于等于其左右孩子结点的值。如图 9-6 中(a)是小根堆,(b)是大根堆,(c)不是堆。

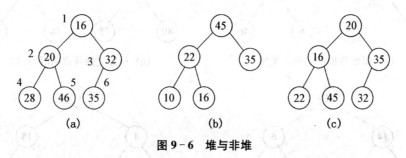

图 9-6 堆与非堆

图 9-6 中(a)是关键字序列{16,20,32,28,46,35},其存储结构如图 9-7 如示,从图 9-7 中可以看出,存储下标和完全二叉树的结点编号是对应的。

1	2	3	4	5	6
16	20	32	28	46	35

图 9-7 小根堆存储结构示意图

堆排序的基本思想是:首先将待排序的记录序列构造一个堆,此时,选出了堆中所有记录的最小记录或最大记录,然后将它从堆中移走,并将剩余的记录再调整成堆,这样又找出了次小(或次大)的记录。以此类推,直到堆中只有一个记录为止,每个记录出堆的顺序就是一个有序序列。因此,堆排序可按以下步骤处理:

(1) 初建堆:先取 $i=[n/2]$,将以 i 结点为根的子树调整成为堆,然后令 $i=i-1$;再将以 i 结点为根的子树调整成为堆。此时可能会反复调整某些结点,直到 $i=1$ 为止,初建堆完成。

(2) 堆排序:首先输出堆顶元素(一般是最小值),将堆中最后一个元素上移到原堆顶位置,这样就破坏了原有堆的关系,然后就再恢复堆。

(3) 重复执行输出堆顶元素、堆尾元素上移和恢复堆的操作,直到全部元素输出完为止。按输出元素的前后次序排列,就形成了有序序列,就完成了堆排序的操作。下面的例题以小根堆为例进行介绍。

[**例 9 - 7**] 设有 $n(n=7)$ 个记录(36,14,18,80,75,6,46)试用堆排序方法将这组记录由小大进行排序。

(1) 初建堆,其建堆过程如图 9 - 8 所示。

首先,因为 $n=7$,所以以 $i=3$ 开始,即调整以结点 18 为根的子树,由于 18 大于其孩子结点中的较小者 6,所以交换结点 18 和 6,交换结果如图 9 - 8(b)所示。

然后,调整 $i=2$ 时,以结点 14 为根的子树,由于 14 小于其孩子结点,所以不交换。

最后,调整以结点 36 为根的子树,由于 36 大于其孩子结点中的较小者 6,所以交换结点 36 和 6,又因为结点 36 大于结点 18,所以继续交换结点 36 和 18,交换结果如图 9 - 8(d)。此时,初始堆已建成。

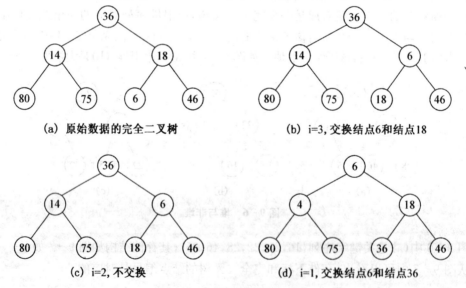

(a) 原始数据的完全二叉树　　　　(b) i=3, 交换结点6和结点18

(c) i=2, 不交换　　　　(d) i=1, 交换结点6和结点36

图 9 - 8 建初始堆过程示意

(2) 堆排序。输出堆顶元素后,对剩余元素重新进行建成堆的调整。调整方法为:设有 n 个结点的堆,输出堆顶结点后,剩下 $n-1$ 个结点。将堆尾结点送入堆顶,这样堆可能就被破坏。将根结点与左、右孩子中的较小记录进行交换。若与左孩子交换,则左子树堆被破坏,且仅左子树的根结点不满足堆的性质;若与右孩子交换,则右子树堆被破坏,且仅右子树的根结点不满足堆的性质。继续对不满足堆性质的子树进行上述交换操作,直到叶子结点,堆被建成。

对图 9－8(d)进行排序过程如图 9－9 所示。

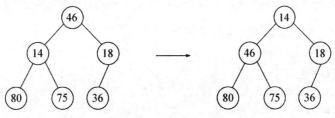

(a)　输出6, 46上移, 调整恢复堆

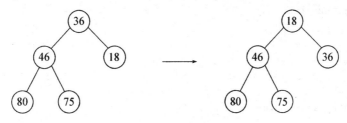

(b)　输出14, 36上移, 调整恢复堆

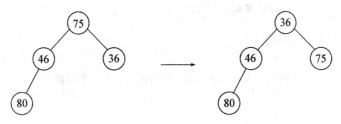

(c)　输出18, 75上移, 调整恢复堆

(d)　输出36, 80上移, 调整恢复堆

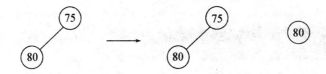

(e)　输出46, 75上移　　　　(e)　输出75　　(f)　输出80

图 9－9　堆排序的操作过程

堆排序的算法代码如下。

【算法 9.7】

```
int sift(RedType r[],int k,int m)    /* 堆调整算法 */
{
```

```
    int i,j;
     RedType x;
     i=k;j=2*i;x=r[i];
     while(j<=m)
   {
    if(j<m&&r[j].key>r[j+1].key) j++;
      if(x.key>r[j].key)
            {r[i]=r[j];
               i=j;
               j=2*i ;
               }
          else j=m+1;
      }
     r[i]=x;
}
```

堆排序主体算法：

```
void HeapSort(RedType r[],int n)
{int k;
 RedType w;
 for(i=n/2;i>=1;i--)
 sift(r,i,n);      /*建初始堆*/
 for(k=n;k>=2;k--)
 {w=r[k];         /*将第一个元素同当前区间内最后一个元素对调*/
  r[k]=r[1];
  r[k]=w;
  sift(r,1,k-1);
   }
 }
```

堆排序的最坏时间复杂度为 $O(n\log_2 n)$，由于建初始堆所需的比较次数较多，所以堆排序不适宜于记录数较少的文件。同时只需一个记录大小的辅助空间，所以它的空间复杂度为 $O(1)$。堆排序是一种不稳定的排序方法。

9.5 归并排序

所谓归并是指将两个或两个以上的有序表合并成一个新的有序表。归并排序可分为多路归并排序和二路归并排序，下面仅对二路归并排序进行介绍。

二路归并排序的基本思想是将一个具有 n 个待排序记录的序列看成是 n 个长度为 1 的有序列，然后进行两两归并，得到 $\lceil n/2 \rceil$ 个长度为 2 的有序序列，若 n 为偶数，则得到 $\lceil n/4 \rceil$ 个长度为 2 的有序序列；若 n 为奇数，则最后一个关键字不参与归并，直接进入下一趟归并。第二趟归并是将第一趟归并所得到的有序的序列继续两两归并，如此重复，直至得到一个长

度为 n 的有序序列为止。

[例 9-10] 有一个关键字序列(38,44,23,8,98,36,12,30,89,20),采用归并算法对其排序,过程如图 9-10 所示。

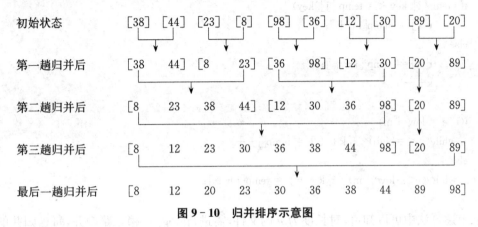

图 9-10 归并排序示意图

上述的每次归并操作,均是将两个有序的子文件合并成一个有序的子文件,故称其为二路归并排序。

二路归并排序算法如下:

【算法 9.8】

```
void MergeSort(RcdType r[ ],int n)
{
 int length,low,high;      /* low 为被合并的第一个子表的起始位置 */
  low=1;               /* high 为被合并的第二个子表的终止位置 */
  length=1;
  while (length <n)
  {high =min(n,low+2 * length-1);/* 取较小值给 high */
   Merge (low,high,length,r) ;   /* 合并函数 */
   if (high + length<n)
   low = high +1;
   else
      { length=length * 2;
   low =1;}
   }
}
int Merge (int low,int high,int m,RcdType r[ ])
{
  RcdType temp[100];        /* temp 为一个临时数组,放置待排序的元素 */
  int i,j,k;
  for (i=low ;i<=high ; i++ )
  temp[i] = r[i] ;
  i=low ;
  j=low +m;
```

```
    k=low；
    while (i< low+m && j<=high)
    {
    if (temp[i]. key <=temp [j]. key)
          r[k] = temp[i++]；
    else
          r[k] = temp [j++]；
          k++ ；
    }
    if(i >= low +m)
       while(j <=high)  r[k++] = temp[j++]；
    else
       while (i<=low +m)  r[k++] = temp[i++]；
}
```

从上述算法中可以知道,对长度为 n 的文件,需进行 $\lceil \log_2 n \rceil$ 趟二路归并,每趟归并的时间为 $O(n)$。所以,归并排序的时间复杂度无论是在最好情况下还是在最坏情况下均是 $O(n\log_2 n)$。

归并排序算法需要一个辅助数组变量 temp,长度与待排序的序列相同,因此,该算法的空间复杂度为 $O(n)$。在归并排序过程中的主要操作是有秩序的复制记录,因此它是一种稳定的排序方法。

9.6 基数排序

基数排序(Radix Sorting)是和前面所述各类排序方法完全不同的一种排序方法。前面所介绍的排序方法主要是通过比较记录的关键字大小和移动记录来实现的。

基数排序是借助于多关键字排序思想进行排序的一种排序方法。该方法将排序关键字 K 看作是由多个关键字组成的组合关键字,即 $K=k_1k_2\cdots k_d$。每个关键字 ki 表示关键字的一位,其中 k_1 为最高位,k_d 为最低位,d 为关键字的位数。例如,对于关键字序列(111,213,517,261,458,362),可以将每个关键 K 看成由三个单关键字组成,即 $K= k_1k_2k_3$,每个关键字的取值范围为 $0 \leqslant k_i \leqslant 9$,所以每个关键字可取值的数目为 10,通常将关键字取值的数目称为基数,用符号 r 表示,在这个例子中 $r=10$。对于关键字序列(AB,BD,ED)可以将每个关键字看成是由二个单字母关键字组成的复合关键字,并且每个关键字的取值范围为"$A \sim Z$",所以关键字的基数 $r=26$。

基数排序方法有两种,即最高位优先法和最低位优先法:

最高位优先法(简称 MSD),是首先根据最高位有效数字进行排序,然后根据次高位有效数字进行排序,依次类推,直到根据最低位有效数字进行排序,产生一个序列。

最低位优先法(简称 LSD),是首先根据最低位有效数字进行排序,然后根据次低位有效数字进行排序,依次类推,直到根据最高位有效数字进行排序,产生一个序列。

现以 LSD 为例进行基数排序,假设有 n 个记录,关键字为 3 位的整数,每一位上的效数字值在 0~9 之间共有 10 种可能性,因此基数为 10,进行分配操作时涉及 10 个队列,即队列的个数与基数相同,因此需要 3 趟"分配"和"收集"。

[例 9-11] 有一关键字序列{238,184,063,670,109,859,505,929,008,083}请用最低优先法进行基数排序,排序过程如图 9-11 所示。

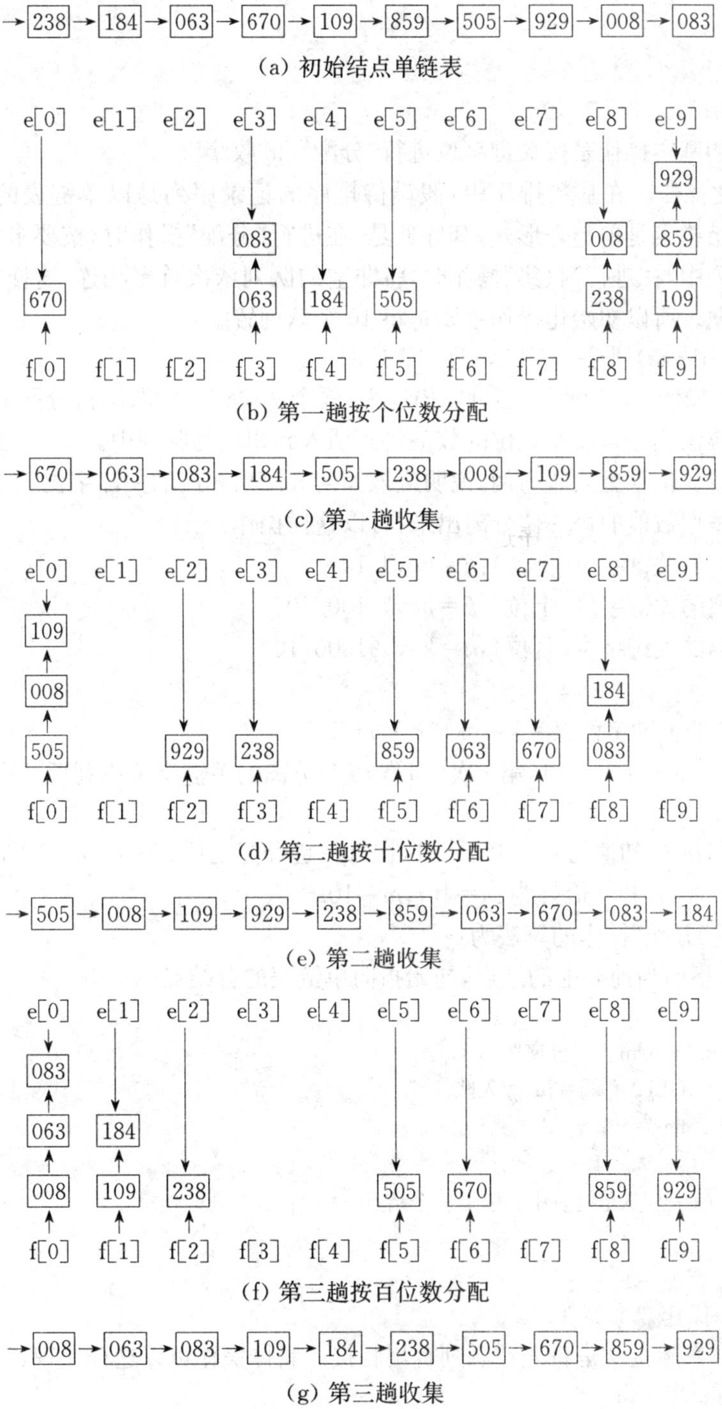

→ 238 → 184 → 063 → 670 → 109 → 859 → 505 → 929 → 008 → 083

(a) 初始结点单链表

(b) 第一趟按个位数分配

→ 670 → 063 → 083 → 184 → 505 → 238 → 008 → 109 → 859 → 929

(c) 第一趟收集

(d) 第二趟按十位数分配

→ 505 → 008 → 109 → 929 → 238 → 859 → 063 → 670 → 083 → 184

(e) 第二趟收集

(f) 第三趟按百位数分配

→ 008 → 063 → 083 → 109 → 184 → 238 → 505 → 670 → 859 → 929

(g) 第三趟收集

图 9-11 链式基数排序示例

在基数排序的"分配"与"收集"操作过程中,为了避免数据元素的大量移动,通常采用链式存储结构存储待排序的记录序列。假设记录的关键字为 int 类型,则链表的结点类型可以定义如下:

```
typedef struct linklist
{ int key;
anytype data;
int * next;
}List_Linklist;
```

基数排序的基本操作是按关键字位进行"分配"和"收集"。

(1) 初始化操作。在基数排序中,假设待排序的记录序列是以单链表的形式给出,10个队列的存储结构也是单链表形式,其好处是:在进行"分配"操作时,按要求将每个结点插入到相应的队列中,在进行"收集"操作时,将非空的队列依次首尾相连,这样做即节省存储空间又操作方便。所以初始化操作主要是将 10 个队列置空:

for(j=0;j<r;j++){f[j]=NULL;t[j]=NULL;}

(2) "分配"操作。"分配"过程可以描述为:逐个从单链表中取出待分配的结点,并分离出关键字的相应位,然后,按照此位的数值将其插入到相应的队列中。

下面我们以 3 位整型数值为例,说明应该如何分离出相应的关键字位。

若将 3 位整型数值的每一位分离出来,可以这样操作:

第 1 次分离的关键字位(个位):$k=\text{key}\%10$;

第 2 次分离的关键字位(十位):$k=\text{key}\%100/10$;

第 3 次分离的关键字位(百位):$k=\text{key}\%1000/100$;

……

第 i 次分离的关键字位:$k=\text{key}\%10i/10i-1$

若假设 $n=10i,m=10i-1$,第 i 次(即第 i 趟)分离的关键字位应利用下列表达式求出:

k=key%m/n

又假设 n 和 m 的初值为 $n=10,m=1$,在每一趟分配之后,令 $n=n*10,m=m*10$,则在第 i 趟"分配"时,m 和 n 恰好为:$n=10i,m=10i-1$。

所以第 i 趟"分配"操作的算法为:

```
p=h; //p 指向当前分配的结点,初始指向单链表的首结点
while(p)
 { k=p->key%n/m // "分离"
  if(f[k]==NULL) f[k]=p; //入队
 else t[k]->next=p;
 t[k]=p;
 p=p->next; //从单链表中获取下一个结点
 }
m=m*10; n=n*10
```

(3) "收集"操作

"收集"操作实际上就是将非空队列首尾相接。具体操作可以这样实现:

```
h=NULL; p=NULL;
for(j=0;j<r;j++)
```

```
if (f[j]) {
if (! h) { h=f[j];p =t[j]; }
else {p->next=f[j];p=t[j];}
}
```

【算法 9.9】

```
List_Linklist * radixsort( List_Linklist * h,int d,int r)
{ n=10; m=1;
for(i=1; i<=d;i++) //共"分配"、"收集"d次
{ for(j=0;j<=9;j++) //初始化队列
{ f[j]=NULL;t[j]=NULL;}
p=h;
while(p) {
    k=p->key%n/m //"分离"
    if(f[k]==NULL) f[k]=p; //入队
    else t[k]->next=p;
      t[k]=p;
      p=p->next; //从单链表中获取下一个结点
      }
m=m * 10; n=n * 10;
h=NULL; p=NULL; //"收集"
for(j=0;j<r;j++)
  if (f[j]) {
  if (! h) { h=f[j];p =t[j]; }
  else {p->next=f[j];p=t[j];}
    }
}
return(h);
}
```

从基数排序的算法中可以看到:基数排序适用于待排序的记录数目较多,但其关键字位数较少,且关键字每一位的基数相同的情况。

设待排序列为 n 个记录,d 个关键字,关键字的取值范围为 rd,则进行链式基数排序的时间复杂度为 $O(d(n+rd))$,辅助空间 $O(n+rd)$;此外,链式基数排序是稳定的排序方法。

选择合适的排序方法应综合考虑下列因素:

① 待排序的记录数目 n;

② 记录的大小;

③ 关键字的结构及其初始状态;

④ 对稳定性的要求;

⑤ 存储结构;

⑥ 时间和辅助空间复杂度等。

下面提出几点建议供读者参考。

(1) 当待排序的记录数 n 较小时(一般 $n \leqslant 50$),可采用直接插入、简单选择排序或冒泡排序。若文件初始状态基本为正序,则应选用直接插入排序、冒泡排序,若记录本身信息量较大,

由于直接插入排序所需的记录移动操作较简单选择排序多,因此用简单选择排序较好。

(2) 当 n 较大时,则应采用时间复杂度为 $O(n\log 2n)$ 的排序方法:快速排序、堆排序或归并排序。

快速排序是目前基于比较的内部排序中被认为是最好的方法,当待排序的关键字是随机分布时,快速排序的平均时间最短。

堆排序所需的辅助空间少于快速排序,并且不会出现快速排序可能出现的最坏情况。这两种排序都是不稳定的。

若要求排序稳定,则可选用归并排序。可以将它和直接插入排序结合在一起使用。先利用直接插入排序求得较长的有序子文件,然后再两两归并之。

(3) 当 n 值很大并且关键字位数较小时,采用静态链表基数排序较好。

比较本章中介绍的几种内部排序方法的性能,如表 9 - 1 所示。

表 9 - 1　各种内部排序方法性能比较

排序方法	平均时间	最坏时间	辅助空间	稳定性
直接插入排序	$O(n^2)$	$O(n^2)$	$O(1)$	稳定
二分插入排序	$O(n^2)$	$O(n^2)$	$O(1)$	稳定
Shell 排序	$O(n^{1..3})$	$O(n^{1..4})$	$O(1)$	不稳定
冒泡排序	$O(n^2)$	$O(n^2)$	$O(1)$	稳定
快速排序	$O(n\log_2 n)$	$O(n^2)$	$O(n\log_2 n)$	不稳定
简单选择排序	$O(n^2)$	$O(n^2)$	$O(1)$	不稳定
堆排序	$O(n\log_2 n)$	$O(n\log_2 n)$	$O(1)$	不稳定
归并排序	$O(n\log_2 n)$	$O(n\log_2 n)$	$O(n)$	稳定
链式基数排序	$O(d(n+rd))$	$O(d(n+rd))$	$O(rd)$	稳定

9.7　实训案例与分析

【实例】　利用 C 语言设计实现直接插入排序、简单选择排序、快速排序和堆排序的算法,并比较这几种算法的时间复杂度。

【实例分析】　关于直接插入排序、简单选择排序、快速排序和堆排序的具体思路,上面已经介绍,这里就不再重复。

【参考程序】

```
#define MAXSIZE30
#define N 20
#define LT(a,b) ((a)<(b))
typedef int KeyType;   /*定义 KeyType 为 int 类型*/
typedef int InfoType;   /*定义 InfoType 为 int 类型*/
typedef struct{   /*定义线性表单个结点结构*/
```

```
    KeyType key;
    InfoType otherinfo;
    }RecType;
typedef struct{   /*定义线性表结构*/
    RecType r[MAXSIZE+1];
    int length;
    }SqList;
void InsertSort(SqList * L)   /*定义插入排序子函数*/
{ int i,j;
  for(i=2;i<=L->length;++i)
  if(LT(L->r[i].key,L->r[i-1].key))
  {L->r[0]=L->r[i];    /*利用 r[0]作为辅助空间*/
    for(j=i-1;LT(L->r[0].key,L->r[j].key);--j) /*移动元素个数的判定条件*/
    L->r[j+1]=L->r[j]; /*若条件满足,则移动元素*/
    L->r[j+1]=L->r[0];} /*将 r[0]放到 r[j+1]中*/
}
int Partition(SqList * L,int low,int high) /*快速排序函数,完成一趟比较*/
{ int pivotkey;
    L->r[0]=L->r[low];    /*把下标为 low 的记录放到下标 0 的空间中,作为监视位,即相应
的记录要和监视位比较*/
    pivotkey=L->r[low].key;
    while(low<high) {
        while(low<high&&L->r[high].key>=pivotkey)    /*若 low<high 且 high 下标的关键字
大于或等于监视位,则 high 的值减 1*/
         --high;
        L->r[low]=L->r[high];
        while(low<high&&L->r[low].key<=pivotkey)    /*若 low<high 且 low 下标的关键字小
于或等于监视位,则 low 的值加 1*/
          ++low;
      L->r[high]=L->r[low];}
      L->r[low]=L->r[0];
      return low;}    /*返回确定后的 low 值*/
  void QSort(SqList * L,int low,int high)    /*快速排序的递归完成各趟比较*/
  { int pivotloc;
    if(low<high) {
      pivotloc=Partition(L,low,high);
      QSort(L,low,pivotloc-1);    /*调用一趟比较函数*/
      QSort(L,pivotloc+1,high);}
}
void QuickSort(SqList * L)    /*快速排序子函数*/
{ QSort(L,1,L->length);}
int SelectMinKey(SqList L,int i)    /*求最下值下标*/
{ int k;
```

```
    int j;
    k=i;    /*k用来记录当前的最小值*/
    for(j=i;j<L. length+1;j++)
      if(L. r[k]. key>L. r[j]. key)
        k=j;
    return k;    /*返回最小值下标*/
}
void SelectSort(SqList * L)   /*选择排序子函数*/
{ RecType t;
  int i,j;
  for(i=1;i<L->length;++i) {    /*从头开始,将每次得到的最小值放到合适位置*/
    j=SelectMinKey( * L,i);
    if(i! =j) {    /*若i! =j,则i和j记录互换*/
      t=L->r[i];
      L->r[i]=L->r[j];
      L->r[j]=t;}
  }
}
typedef SqList HeapType;   /*定义堆的结构为线性表结构*/
void HeapAdjust(HeapType * H,int s,int m)    /*堆调整子函数*/
{ RecType rc;
  int j;
rc=H->r[s];
for(j=2 * s;j<=m;j * =2) {
if(j<m&&LT(H->r[j]. key,H->r[j+1]. key))
 ++j;
if(! LT(rc. key,H->r[j]. key))
  break;
H->r[s]=H->r[j];
  s=j;}
H->r[s]=rc;
}
void HeapSort(HeapType * H)   /*堆排序子函数*/
{ RecType t;
  int i;
  for(i=H->length/2;i>0;--i)
    HeapAdjust(H,i,H->length);    /*从 length/2 的位置开始堆调整*/
  for(i=H->length;i>1;--i) {
    t=H->r[1];
    H->r[1]=H->r[i];
    H->r[i]=t;
    HeapAdjust(H,1,i-1);}
}
```

```
main()
{ int a[N],n,i,k,x;
  SqList s;
  printf("0 is exit,other is continue:");    /*0表示要退出运行,其他数表示继续运行*/
scanf("%d",&x);
while(x) {
  printf("input the length of list(n):");    /*输入线性表的长度*/
  scanf("%d",&n);
  printf("the data info:\n");
  for(i=0;i<n;i++) {    /*循环输入线性表中关键字*/
  printf("the %d data is:",i+1);
  scanf("%d",&a[i]);}
printf("The record to be sort:\n");    /*显示待排序的序列*/
for(i=1;i<=n;i++) {
  s.r[i].key=a[i-1];
  printf("%d\t",a[i-1]);}
s.length=i-1;
printf("\n1 is InsertSort,2 is QuickSort\n");
printf("3 is SelectSort,4 is HeapSort\n");
printf("press 1..4\n");
scanf("%d",&k);
  switch(k) {    /*根据输入k值确定排序方法*/
  case 1:
    InsertSort(&s); break;    /*输入1,调用插入排序函数*/
  case 2:
    QuickSort(&s);    /*输入2,调用快速排序函数*/
    break;
  case 3:
    SelectSort(&s);    /*输入3,调用选择排序函数*/
    break;
  case 4:
    HeapSort(&s);    /*输入4,调用堆排序函数*/
    break;
  default:printf("No function select. \n");
  }
printf("The records be sorted:\n");    /*显示排序结果*/
for(i=1;i<=n;i++)
  printf("%d\t",s.r[i].key);
printf("\n0 is exit;1 is continue:");
scanf("%d",&x);}
}
```

程序运行结果为:

0 is exit,other is continue:1

input the length of list(n):8

the data info:

the 1 data is:23

the 2 data is:12

the 3 data is:1

the 4 data is:34

the 5 data is:56

the 6 data is:87

the 7 data is:34

the 8 data is:25

The record to be sort:

| 23 | 12 | 1 | 34 | 56 | 87 | 34 | 25 |

1 is InsertSort,

2 is QuickSort

3 is SelectSort,4 is HeapSort

press 1…4

2

The records be sorted:

| 1 | 12 | 23 | 25 | 34 | 34 | 56 | 87 |

0 is exit;1 is continue:1

input the length of list(n):8

the data info:

the 1 data is:23

the 2 data is:12

the 3 data is:1

the 4 data is:34

the 5 data is:56

the 6 data is:87

the 7 data is:34

the 8 data is:25

The record to be sort:

| 23 | 12 | 1 | 34 | 56 | 87 | 34 | 25 |

1 is InsertSort,

2 is QuickSort

3 is SelectSort,4 is HeapSort

press 1…4

4

The records be sorted:

| 1 | 12 | 23 | 25 | 34 | 34 | 56 | 87 |

0 is exit;1 is continue:1

input the length of list(n):8

the data info:

the 1 data is:23

the 2 data is:12

the 3 data is:1

the 4 data is:34

the 5 data is:56

the 6 data is:87

the 7 data is:34

the 8 data is:23

The record to be sort:

23   12   1   34   56   87   34   23

1 is InsertSort,

2 is QuickSort

3 is SelectSort,4 is HeapSort

press 1…4

3

The records be sorted:

1   12   23   23   34   34   56   87

0 is exit;1 is continue:0

复习思考题

一、选择题

1. 在所有排序方法中,关键字比较的次数与记录得初始排列次序无关的是(　　)。

    A. 希尔排序　　　　B. 起泡排序　　　　C. 插入排序　　　　D. 选择排序

2. 设有 2000 个无序的元素,希望用最快的速度挑选出其中前 10 个最大的元素,最好(　　)排序法。

    A. 起泡排序　　　　B. 快速排序　　　　C. 堆排序　　　　D. 基数排序

3. 一组记录的排序码为 47,78,57,39,41,85.,则利用堆排序的方法建立的初始推为(　　)。

    A. 78,47,57,39,41,85　　　　　　　B. 85,78,57,39,41,47

    C. 85,78,57,47,41,39　　　　　　　D. 85,57,78,41,47,39

4. 从未排序的序列中依次取出一个元素与已排序序列中的元素依次进行比较,然后将其放在排序序列的合适位置,该排序方法称为(　　)排序法。

    A. 插入　　　　B. 选择　　　　C. 希尔　　　　D. 二路归并

5. 一组记录的关键码为 48,79,52,38,40,84.,则利用快速排序的方法,以第一个记录为基准得到的一次划分结果为(　　)。

    A. 38,40,48,52,79,84　　　　　　　B. 40,38,48,79,52,84

    C. 40,38,48,52,79,84　　　　　　　D. 40,38,48,84,52,79

6. 一组记录的排序码为(26,48,16,35,78,82,22,40,37,72),其中含有 5 个长度为 2 的有序表,按归并排序的方法对该序列进行一趟归并后的结果为(　　)。

    A. 16,26,35,48,22,40,78,82,37,72

    B. 16,26,35,48,78,82,22,37,40,72

    C. 16,26,48,35,78,82,22,37,40,72

    D. 16,26,35,48,78,22,37,40,72,82

7. 排序方法中,从未排序序列中依次取出元素与已排序序列初始时为空中的元素进行比较,将其放入已排序序列的正确位置上的方法,称为(　　)。

    A. 希尔排序　　　B. 起泡排序　　　　C. 插入排序　　　D. 选择排序

8. 对给出的一组关键字{16,5,18,20,10,18}。若按关键字非递减排序,第一趟排序结果为{16,5,18,20,10,18},问采用的排序算法是(　　)。

    A. 简单选择排序　　B. 快速排序　　　C. 希尔排序　　　D. 二路归并排序

9. 用某种排序方法对线性表 25,86,21,46,14,27,68,35,20 进行排序时,元素序列的变化情况如下:

1:25,86,22,47,14,27,68,35,20

2:20,14,22,25,46,27,68,35,86

3:14,20,21,25,35,27,46,68,86

4:14,20,22,25,27,35,46,68,86,

则所采用的排序方法是(　　)。

    A. 选择排序　　　B. 希尔排序　　　C. 归并排序　　　D. 快速排序

10. 下列几种排序方法中,平均查找长度最小的是(　　)。

    A. 插入排序　　　　B. 选择排序　　　C. 快速排序　　　D. 归并排序

11. 以下序列不是堆的是(　　)。

    A. 105,85,98,77,80,61,82,40,22,13,66

    B. 105,98,85,82,80,77,66,61,40,22,13

    C. 13,22,40,61,66,77,80,82,85,98,105

    D. 105,85,40,77,80,61,66,98,82,13,22

12. 下列几种排序方法中,要求内存量最大的是(　　)。

    A. 插入排序　　　　B. 选择排序　　　C. 快速排序　　　D. 归并排序

13. 快速排序方法在情况下最不利于发挥其长处(　　)。

    A. 要排序的数据量太大

    B. 要排序的数据中含有多个相同值

    C. 要排序的数据已基本有序

    D. 要排序的数据个数为奇数

14. n 个元素进行冒泡排序的过程中,最好情况下的时间复杂度为(　　)。

    A. $O(1)$　　　　B. $O(\log_2 n)$　　　C. $O(n^2)$　　　D. $O(n.)$

15. n 个元素进行快速排序的过程中,第一次划分最多需要移动(　　)次元素包括开始将基准元素移到临时变量的那一次。

    A. $n/2$　　　　B. $n-1$　　　　C. n　　　　D. $n+1$

16. 下列四种排序方法中,不稳定的方法是(　　)。

    A. 直接插入排序　　B. 冒泡排序　　　C. 归并排序　　　D. 简单选择排序

17. 下面排序方法中,时间复杂度不是 $O(n^2)$ 的是( )。

　　A. 直接插入排序　　B. 二路归并排序　　C. 冒泡排序　　D. 简单选择排序

18. 对下列 4 个序列用快速排序方法进行排序,以序列的第 1 个元素为基准进行划分。在第 1 趟划分过程中,元素移动次数最多的是序列( )。

　　A. 71,75,82,90,24,18,10,68　　　　　B. 71,75,68,23,10,18,90,82

　　C. 82,75,71,18,10,90,68,24　　　　　D. 24,10,18,71,82,75,68,90

二、填空题

1. 对 n 个元素的序列进行冒泡排序,最少的比较次数是_____,此时元素的排列情况为_____,在_____情况下比较次数最多,其比较次数为_____。

2. 对 n 个数据进行简单选择排序,所需进行的关键字间的比较次数为_____,时间复杂度为_____。

3. 在时间复杂度为 $O(\log_2 n)$ 的排序方法中,_____排序方法是不稳定的;在时间复杂度为 $O(n)$ 的排序方法中,_____排序方法是稳定的。

4. 在归并排序中,若待排序记录的个数为 20,则共需要进行_____趟归并,在第三趟归并中,是把长度为_____的有序表归并为长度为_____的有序表。

5. 在对一组记录(53,39,91,23,15,70,60,45,83)进行直接插入排序时,当把第 7 个记录 60 插入到有序表时,为寻找插入位置需比较_____次。

6. 在堆排序,快速排序和归并排序中,若只从存储空间考虑,则应首先选取_____方法,其次选取_____方法,最后选取_____方法;若只从排序结果的稳定性考虑。则应选取_____方法;若只从平均情况下排序最快考虑,则应选取_____方法;若只从最坏情况下排序最快并且要节省内存考虑,则应选取_____方法。

7. 在希尔排序、快速排序、归并排序和基数排序中,排序是不稳定的有_____。

8. 对关键字序列 52,80,63,46,90 进行一趟快速排序之后得到的结果为_____
_____。

三、判断题

1. 外部排序就是整个排序过程完全在外存中进行的排序。　　　　　　　　　( )

2. 当数据序列已有序时,若采用冒泡排序法,数据比较 $n-1$ 次。　　　　　　( )

3. 内排序中的快速排序方法,在任何情况下均可得到最快的排序效果。　　　( )

4. 对 n 个记录的集合进行归并排序,在最坏情况下所需要的时间是 $O(n^2)$。　( )

5. 对 n 个记录的集合进行基数排序,在最坏情况下所需要的时间是 $O(n^2)$。　( )

四、简答题

1. 已知序列{72,83,99,65,10,36,7,9},请给出采用插入排序法对该序列进行升序排序时的每一趟排序结果。

2. 已知序列(10,16,4,3,6,12,1,9,15,8),请给出采用 shell 排序法对该序列进行升序排序时的每一趟排序结果。

3. 已知序列{17,18,55,40,7,32,73,65,89},请给出采用冒泡排序法对该序列进行升序排序时的每一趟排序结果。

4. 已知序列{501,87,512,61,908,170,897,275,653,462},请给出采用快速排序法对

该序列进行升序排列时的每一趟排序结果。

5. 已知序列{50,8,51,6,90,17,89,27,65,46},请给出采用堆排序法对该序列进行降序排列时的每一趟排序结果。

6. 已知序列{513,87,612,61,908,180,898,265,673,412},请给出采用基数排序法对该序列进行升序排序时的每一趟排序结果。

7. 已知序列(11,16,6,5,6,14,1,9),请给出采用归并排序法对该序列进行升序排序时的每一趟排序结果。

五、算法题

1. 设计一个算法,修改冒泡排序过程以实现双向冒泡排序。

算法分析:双向冒泡排序是每一趟通过每两个相邻的关键字进行比较,产生最小和最大的元素。

2. 以单链表为存储结构,写一个直接选择排序算法。

六、编程练习

1. 用冒泡排序方法对一组数进行排序。

2. 给出 n 个学生的考试成绩表,设每个学生信息由姓名与分数组成,设计一个算法,按分数的高低次序,打印出每个学生在考试中获得的名次,分数相同的为同一名次,并按名次列出每个学生的姓名与分数。

参考文献

[1] 严蔚敏,吴伟民. 数据结构(C 语言). 北京:清华大学出版社,1997

[2] 陈雁. 数据结构. 北京:高等教育出版社,2004

[3] 李春葆. 数据结构习题与解析. 数据结构(C 语言). 北京:清华大学出版社,2001

[4] 谭浩强. 实用数据结构基础. 北京:中国铁道出版社,2004

[5] 胡学刚. 数据结构(C 语言). 北京:高等教育出版社,2004

[6] 李勤. 数据结构. 北京:中国电力出版社,2004

[7] 胡文红. 数据结构实用教程(C 语言). 北京:中国电力出版社,2005

[8] 彭波. 数据结构教程. 北京:清华大学出版社,2004

[9] 佟维,谢爽爽. 实用数据结构. 北京:科学出版社,2003

[10] 张世和. 数据结构. 北京:清华大学出版社,2003